Werner Dopfer

MAMA-TRAUMA

Warum Männer sich nicht
von Frauen führen lassen

Besuchen Sie uns im Internet:
www.knaur.de

© 2016 Knaur Verlag
Ein Imprint der Verlagsgruppe
Droemer Knaur GmbH & Co. KG, München
Alle Rechte vorbehalten. Das Werk darf – auch teilweise – nur mit
Genehmigung des Verlags wiedergegeben werden.
Covergestaltung: Büro Jorge Schmidt, München
unter Verwendung einer Vorlage von Rob Westendorp
Coverabbildung: privat
Satz: Adobe InDesign im Verlag
Druck und Bindung: CPI books GmbH, Leck
ISBN 978-3-426-21400-8

2   4   5   3   1

*Dieses Buch ist einer der tapfersten Frauen gewidmet,
die ich kenne: meiner Großmutter Anna.*

*Sie musste fliehen, sie verlor eine ihrer Töchter
auf der Flucht, und ihr Ehemann verstarb früh.
Sie jedoch gab nie auf.*

Männer beherrschen die Welt, und das ist der Grund,
warum es so ein beschissenes Durcheinander gibt.

Sting, geb. 1951, britischer Rockmusiker,
Sänger und Schauspieler

Hinweis

Die geschilderten Fallgeschichten wurden verfremdet und anonymisiert, um die Persönlichkeitsrechte der betreffenden Personen zu wahren. Übereinstimmungen mit der Realität – was Personen, konkrete Handlungen, Orte, Unternehmen, Institutionen und Namen anbelangt – wären dementsprechend eine Folge des Zufalls.

Inhalt

Die Zukunft der Führung:
der »Meta-Gender«-Führungsstil

Prolog:
Der Machtwechsel

> Wer nicht versteht, dass Macht das
> stärkste Erotikum der Menschheit ist, wird
> niemals Politik und Gesellschaft verstehen.
>
> *Franz Werfel, 1890–1945,*
> *österreichischer Schriftsteller*

Es gab einen friedlichen Machtwechsel in Deutschland, der in die Geschichtsbücher eingehen wird: der Wechsel von Gerhard Schröder zu Angela Merkel. Der Führungswechsel von Mann zu Frau.

Das psychologisch Spektakuläre daran war weder die politische Neuausrichtung noch der Geschlechterwechsel im Kanzleramt, sondern die Art und Weise, wie diese Veränderung vonstattenging.

Das elementare und initiale Schauspiel dazu lieferte die sogenannte Elefantenrunde am Wahlabend, in der sich – nachdem die Wahlergebnisse bekannt wurden – Gerhard Schröder aufführte wie ein kleiner trotziger Junge. Er, der ohne Vater aufgewachsen war und es bis an die Spitze der Macht geschafft hatte, konnte es in diesen ersten Minuten seiner Niederlage weder fassen noch begreifen, geschweige denn psychisch verarbeiten, dass ihm »das Mädchen aus dem Osten« diese Macht genommen hatte. Nahezu wie unter Drogen stehend, schlug er verbal dermaßen um sich, dass auch sein Stellvertreter Joschka Fischer nur noch erstaunt, kopfschüttelnd und fassungslos in die Runde blicken konnte. Wie vermutlich Millionen von Fernsehzuschauern auch.

11

Diese »Elefantenrunde 2005« ist legendär geworden, und man könnte sie mit dem psychologisch aussagekräftigen Titel versehen: »Das Weib hatte ihm die Macht genommen, und er wollte es nicht wahrhaben.« Die vermutlich größte narzisstische Kränkung seines Lebens. Er wurde besiegt: von einer Frau. Obwohl er eigentlich stets nur seiner Mutter »imponieren« wollte. Der kleine Gerhard, den es vermutlich viel zu häufig nach Liebe und nicht vorhandener väterlicher Anerkennung dürstete, wurde jetzt vom Volk abgewählt. Seine Abwehr war das »Nichtwahrhabenwollen«, sprich die Realitätsverzerrung als Kompensation dieser extremen Kränkung.

Die »Siegerin« jedoch wirkte besonnen und eher distanziert. Die typische »Merkel-Haltung«, die auch ihren Führungsstil als Kanzlerin konsequent bestimmen sollte. Bis zum Jahr 2015, dem Jahr der Flüchtlingskrise.

Im Spätsommer dieses Jahres trifft Angela Merkel, zehn Jahre nach ihrem Amtsantritt, eine weitreichende Entscheidung, indem sie Flüchtlinge uneingeschränkt willkommen heißt und das Motto für diese Politik vorgibt: »Wir schaffen das.« Über die Medien verbreitet, löst diese Botschaft zum einen eine Welle der Hilfsbereitschaft bei der deutschen Bevölkerung aus, zum anderen jedoch – nach dem Abflauen der ersten Euphorie – auch große Skepsis, insbesondere als sich mehr und mehr zeigt, dass der Flüchtlingsstrom nicht abreißt und zunehmend kritische Stimmen vor einer Überforderung Deutschlands warnen.

Merkel, der sonst immer die Unnahbarkeit der »kühlen und kalkulierenden Physikerin« vorgeworfen wurde, präsentiert sich plötzlich emotional betroffen, menschlich gerührt, nahezu distanzlos und lässt Selfies von sich mit Flüchtlingen machen. Eine Welle des »Kuschelhormons« Oxytocin scheint sie erfasst zu haben, und die

Werte ihrer christlichen Erziehung werden so deutlich sichtbar wie nie zuvor. Die weitreichende Bedeutung ihrer mütterlichen Willkommensgeste, die letztendlich ganz Europa vor eine Zerreißprobe stellt, scheint ihr in diesen gefühlsgeleiteten Momenten nicht bewusst zu sein.

Und siehe da: Gerhard Schröder nutzt diese wohl heikelste Führungssituation Merkels – wohlgemerkt zehn Jahre nach seiner Abwahl – im Sinn einer Revanche gnadenlos aus, indem er einen Satz von sich gibt, der implizit den Hinweis enthält, dass so etwas mit ihm als Mann und Kanzler nicht passiert wäre: »Merkel hatte Herz, aber keinen Plan!« Dieser Satz lässt sich auch umdeuten in: »Mama Merkel weiß nicht, was sie tut …«

Einstimmung:
Fähige Frauen und
männliche Verhinderer

Frauen sind wie Teebeutel.
Sie wissen nicht, wie stark sie sind, bis sie in
heißes Wasser kommen.

Eleonor Roosevelt, 1884-1962,
amerikanische Menschenrechtsaktivistin
und Diplomatin

Wie es im Führungsalltag in oberster Ebene laufen kann, wenn Männer ihr Spiel spielen wollen und die Frauen dies durchschauen, zeigt die folgende Geschichte.

Frau T. war neunundfünfzig Jahre alt und im Vorstand eines internationalen Logistikunternehmens. Sie war die einzige Frau in diesem Gremium. Nie zuvor hatte es ein weibliches Vorstandsmitglied in dieser Fima gegeben.
Sie suchte mich auf, weil sie den Eindruck hatte, von den Kollegen »gemobbt« zu werden. Mittlerweile litt sie bereits unter Schlafstörungen und nächtlichen Panikattacken.
Frau T. war eine große und sehr schlanke Frau. Ihre elegante und gleichzeitig natürliche Erscheinung machte sie auf Anhieb sympathisch. Der Blick durch ihre modische Brille wirkte weich und durchdringend zugleich. Sie erschien außerordentlich konzentriert und schilderte zuallererst ihren Werdegang. Ich war nicht überrascht, da

15

Führungskräfte gerne am Anfang einer Beratung von ihrem beruflichen Weg erzählen, bevor sie auf die eigentliche Problematik zu sprechen kommen.

Nach einem Ingenieurstudium hatte sie bei einem Rüstungsbauer angefangen und sich dann – als »Exotin« in diesem männerdominierten Metier – durch solide und vor allem genaue Arbeit einen guten Ruf erworben. Insofern stieg sie – auch ein wenig begünstigt durch die Welle der Frauenförderung, wie sie selbst betonte – schnell auf der Karriereleiter nach oben. Sie war es gewohnt, mit Männern zu arbeiten. Sie kannte den manchmal rauhen Ton, da sie zusammen mit drei Brüdern groß geworden war. Das habe ihr nie etwas ausgemacht. Ihre behutsame Art, Probleme anzusprechen und einen persönlichen Draht herzustellen, zu vermitteln und kooperativ zu agieren, wurde meist geschätzt.

Nach der Heirat – ihr Mann war ebenso Ingenieur – bekam sie eine Tochter. Während der Babypause schrieb sie ihre Doktorarbeit. Die Arbeit wurde prämiert und erregte in der Branche einiges Aufsehen. Die Jobangebote und die Headhunter ließen nicht lange auf sich warten. Sie erklomm die Karriereleiter, wechselte Funktionen und Unternehmen, bis dann das Vorstandsangebot der jetzigen Firma im Raum stand. Alle rieten ihr, das Angebot anzunehmen. Für Sie als Frau die Chance, betonten Ehemann und Freunde.

In den ersten Monaten habe es ihr sehr gut gefallen. Es war ihre Branche, und sie kannte sich aus. Als Vorständin für das Ressort Logistik und Prozessabläufe war sie verantwortlich dafür, mit innovativen Ideen für die Optimierungen der Abläufe zu sorgen. Die Firma war hier im Vergleich zur Konkurrenz ins Hintertreffen geraten, und daher hatte der Aufsichtsrat sie eingestellt.

Sie sprach in ihrem Gremium die kritischen Dinge an, die

ihr auffielen. Sie suchte den persönlichen Kontakt zu den Verantwortlichen. Stets hatte sie jedoch das Gefühl, gegen Mauern zu laufen, abgeblockt zu werden. Sie beobachtete, dass die Vorstandskollegen den Blick senkten oder den direkten Blickkontakt mit ihr vermieden, wenn sie mit ihr sprachen. Teilweise gingen sie ihr gezielt aus dem Weg. Irgendwann hielt sie es nicht mehr aus und sprach ihre Eindrücke direkt an. Sie äußerte den Verdacht, dass hier etwas laufe, was ihr große Sorgen bereite. Frau T. spürte, dass es nicht mit rechten Dingen zuging. Dann kam sie auf die Idee, eine externe Wirtschaftsprüfungsgesellschaft zu beauftragen, um die internen Prozessabläufe genauer untersuchen zu lassen. Sie hatte intuitiv erfasst, dass etwas verborgen werden sollte, ohne genau zu wissen, was.

Nach ihrem Hinweis auf eine neutrale Untersuchung nahm die Katastrophe ihren Lauf, wie sie es nannte. Es gab Vorstandstreffen – außerhalb der Routinesitzungen – ohne sie. Sie wurde mehrfach nachts anonym angerufen. Sie spürte förmlich, wie die Schlinge sich zuzog.

Mehr und mehr hatte sie das Gefühl, sie solle »mürbe« gemacht werden, um ihren »Vorstandsjob hinzuschmeißen«. Sie sah sich in einer Zwickmühle gefangen und war überzeugt, etwas »aufgedeckt« zu haben, zugleich aber als Frau gegen die Männer keine Chance zu haben.

Sie fühlte sich hilflos. Eine solche Situation hatte sie noch nie erlebt. Ihre Psyche rebellierte, was letztendlich der Anlass war, sich einem Berater anzuvertrauen.

Als wir gemeinsam das Geschehen analysierten, wurde ihr mehr und mehr klar und überaus deutlich (und desillusionierend) bewusst, was hier stattfand: Sie war in das Unternehmen gekommen und hatte mit weiblich zielsicherem Gespür für Ungereimtheiten Probleme angesprochen, die eigentlich im Verborgenen hätten bleiben sollen. Intuitiv hatte sie die »Aura« einer wie auch immer gearteten Ungereimtheit wahrgenommen. Der »männliche Vorstandsfilz« witterte Gefahr, fühlte sich von ihr ertappt und setzte sich zur Wehr, indem er auf Ignorieren und Einschüchterung baute. Dabei war es die Intention ihrer Vorstandkollegen, Frau T. zum »Aufgeben« zu bewegen.

Ich sprach mehrere Stunden mit ihr über männliches Verhalten, über männliche Schwächen und weibliche Fähigkeiten und Ängste (letztendlich über viele Aspekte dieses Buchs). Zum Glück konnte ich sie stärken und ihre Irritationen reduzieren.

Mutig zog sie ihr Vorhaben durch. Das Resultat erfuhr ich aus der Presse. Die untersuchenden Wirtschaftsprüfer lieferten einen präzisen Bericht ab, der illegale Beraterverträge und Schmiergeldzahlungen für Aufträge aus dem Ausland aufdeckte. Alle im Vorstand betonten unisono, sie hätten davon nichts gewusst.

Frau T. hatte mit femininem Gespür erfasst, dass in diesem Unternehmen nicht alles mit rechten Dingen lief, und die Männer im Vorstand hatten nicht damit gerechnet, dass ihre Einschüchterungsversuche ohne Wirkung bleiben sollten, weil sie durchschaut worden waren.

Seit einem Vierteljahrhundert befasse ich mich als Berater und Psychotherapeut mit Managern und Führungskräften. Diese Menschen sind in den unterschiedlichsten Branchen tätig und repräsentieren alle gängigen Hierarchieebenen. Unter ihnen sind Banker, Ingenieure, Naturwissenschaftler, Mediziner und Betriebswirte, die die verschiedensten Funktionen innehaben, vom Teamleiter über den Geschäftsführer bis hin zum Konzernmanager international agierender Großunternehmen.

Ich höre ihnen zu, stelle ihnen Fragen, beobachte, diagnostiziere, verstehe, berate und therapiere sie. In unzähligen Managementtrainings, Teamentwicklungen, Interviews, Coachings oder auch Therapiesitzungen hatte ich Gelegenheit, das Verhalten und die Gefühlswelt von Menschen, deren zentrale Aufgabe das Führen ist, intensiv kennenzulernen.

In der Regel sind dies Personen, die im Fokus der Aufmerksamkeit stehen. Sie müssen Visionen entwickeln, komplexe Märkte und Systeme analysieren, Strategien generieren und letztendlich ihre Mitarbeiter für die Erreichung der Ziele begeistern. Sie stehen unter Erfolgsdruck und werden kontinuierlich gemessen. Sie leben in einer Partnerschaft und haben Kinder – oder auch nicht. Ständig müssen sie Konflikte lösen und sich vor dem eigenen Burn-out schützen. Ihr immerwährender Begleiter ist das Smartphone, und keine von ihnen würde ihren Job als einfach beschreiben. Viele machen ihn gern und voller Lebensfreude, für einige ist er eine Qual und ein stetiger Kampf mit anderen – oder gegen sich selbst.

Meine bisherige Erfahrung zeigt, dass die meisten Führungskräfte ihre Verantwortung ernst nehmen und engagiert versuchen, das Beste zu erreichen. Meine Erfahrung zeigt jedoch auch – und dies musste ich als Mann unter bitteren Tränen der Erkenntnis im Hinblick auf die eigenen Geschlechtsgenossen realisieren:

Frauen sind – unter Betrachtung aller relevanten Aspekte – letztendlich die besseren Führungskräfte.

Sämtliche meiner Beobachtungen, aber auch die Analyse einschlägiger Studien führten mich zu der sicheren Überzeugung, dass Frauen ein – für unsere heutige Welt – adäquateres und damit sinnvolleres Führungsverhalten zeigen. Das beruht auf einer ganzen Reihe von Ursachen:

- Frauen sind deutlich empathischer, also mitfühlender, verständnisvoller und damit auch sozial kompetenter. Sie sind weniger egozentrisch als Männer.
- Weibliche Führungskräfte bevorzugen den transformationalen Führungsstil (Einsicht und Transparenz als zentrale Merkmale des Führungsverhaltens), der sich positiv auf die Mitarbeitermotivation auswirkt.
- Frauen verhalten sich weniger rivalisierend und setzen eher auf Kooperation.
- Frauen sind deutlich weniger narzisstisch und daher kaum anfällig für selbstdarstellerische und größenwahnsinnige Aktionen.
- Das Einzelgängertum ist unter Frauen weniger verbreitet.
- Statussymbole und klassische Insignien der Macht sind für weibliche Führungskräfte meist irrelevant. Frauen geht es in der Regel nicht so sehr um Titel und Macht in der Hierarchie, ihr Streben in der Führung dient eher der Suche nach einer Möglichkeit, Dinge zu verändern oder sozial etwas leisten zu können.
- Weibliche Führungskräfte lassen sich eher beraten und helfen, wenn sie sich allein nicht mehr in der Lage sehen, ein Problem zu lösen.
- Frauen kommunizieren intensiver und suchen nach gemeinsamen Lösungen.
- Frauen verhalten sich umsichtiger und lassen sich weniger auf Risiken ein.
- Frauen gelingt es besser, mit Hilfe ihrer Intuition in einer komplexen und vernetzten Welt Zusammenhänge zielsicher zu erkennen.
- Der Anteil an weiblichen Psychopathen ist verschwindend gering. Übrigens auch der an Frauen, die schwere Verbrechen begangen haben.

Neuere Studien – hier sei exemplarisch die spannende Untersuchung »The Distance between Mars and Venus. Measuring Global Sex Differences in Personality«[*] genannt – zeigen, dass es doch erhebliche Persönlichkeitsunterschiede zwischen den Geschlechtern gibt. Die signifikanten Ergebnisse demonstrieren, dass Frauen sensitiver, einfühlsamer und besorgter sind. Männer hingegen sind emotional weniger involviert, wodurch sie äußerlich stabiler, dominierender und wachsamer wirken. Diese Persönlichkeitszüge beeinflussen unmittelbar den Umgang mit anderen Personen und haben dementsprechend eine hohe Relevanz beim Führen.

Das war vermutlich schon immer so – rein biologisch gesehen –, aber erst in den letzten Jahren trauen wir uns, diese für das Führen wichtigen Erkenntnisse zu betrachten, anzusprechen und publik zu machen – insbesondere durch mutige Frauen und selbstkritische Männer.

Damit möchte ich keineswegs die These formulieren, dass das Führungsverhalten der Frauen in jeglicher Hinsicht »einwandfrei, immer sinnvoll und völlig untadelig« ist. Einer der kritischen Punkte weiblicher Führung ist beispielsweise die Tendenz, Dinge zu übertreiben. Die sogenannte hysterische Komponente kann dazu führen, die Realität ein wenig zu verzerren und zu stark zu dramatisieren oder gar emotional »aufzuladen«.

Die Überbetonung der Harmonie ist auch ein eher kritischer Aspekt weiblicher Führung, was bei Frauen immer wieder zur Vermeidung von notwendigen Konflikten führen kann. Obwohl es die Situation erfordern würde, sich strategisch und durchaus »streitlustig« auseinander- und durchzusetzen.

[*] Marco Del Giudice, Tom Booth, Paul Irwing: The Distance between Mars and Venus. Measuring Global Sex Differences in Personality. University of Bologna, Plos ONE 7; 2012

Mit diesem Buch möchte ich einerseits psychologisch fokussiert der Frage nachgehen, warum immer noch viel zu wenige Frauen Führungsfunktionen ausüben, obwohl sie doch im Prinzip die allerbesten Voraussetzungen dafür mitbringen. Andererseits möchte ich auch beleuchten, was mit den Männern psychisch geschieht, wenn sie von einer Frau geführt werden, oder diese ihnen gar die Macht nimmt (siehe Gerhard Schröder).

Ich behaupte, beides hat mit uns zu tun, mit uns Männern. Männer wollen oftmals nicht von Frauen geführt werden, und sie tun alles – meist verdeckt –, um genau das zu verhindern. Männer – allen voran die geschickten Netzwerker – haben für die Frauen eine »Glasdecke« in die Hierarchie eingezogen, an der sich die Frauen auf dem Weg nach oben irgendwann nur noch die »Nase platt drücken« können. Diese oft zitierte »Glasdecke« ist eine Resultante der urmännlichen Angst, die eigene Macht zu verlieren und in Bedeutungslosigkeit zu versinken. Diese Angst führt zur unbewussten Verbrüderung mit anderen Männern gegen eine erlebte weibliche Bedrohung, die im Extremfall in der Unterwerfung enden könnte. Die spezifisch männlichen Ängste zu thematisieren, sie zu genauer zu analysieren und sich mit ihnen auseinanderzusetzen ist meines Erachtens ein wesentlicher Schritt, eine Situation zu verändern, die gesellschaftlich von großer Bedeutung ist.

Befragt man Frauen zu ihrer beklagenswerten Präsenz auf deutschen Führungsetagen, nennen sie nicht die Unvereinbarkeit von Familie und Beruf als Hauptargument für ihre oft schleppende Karriere, sondern die Dominanz der männlichen Netzwerke.[*] Vierundzwanzig Prozent

[*] Jutta Rump: Dominanz alter Bürde. Harvard Business Manager; Oktober 2013

der Frauen sagen, dass männliche Vorgesetzte Frauen nicht aufsteigen ließen.

Warum dies so ist und welche Strategien die männliche Welt – teils unbewusst, aber teils auch sehr bewusst – ergreift; auch das werde ich in diesem Buch erörtern. Dabei leitet mich ein wenig die Idee, die Diskussion um eine Frauenquote zu hinterfragen. Vor allem geht es mir aber darum, die tieferen psychologischen Ursachen der bestehenden Verhältnisse zu ergründen.

Wenn etwa fünfundzwanzig Prozent aller Frauen von Männern sexuelle oder körperliche Gewalt (gemäß einer Studie der Weltgesundheitsorganisation im Jahr 2013) angetan wird, wie kann es dann selbstbewusste Frauen geben, die eine Führungsfunktion überhaupt anstreben?

Ein weiterer wesentlicher Grund für die geringe Frauenquote vor allem im Topmanagement ist in der Kulturgeschichte der Menschheit zu finden. Über alle Generationen und Kulturen hinweg haben Männer Führungspositionen besetzt und den Standard für Führungsverhalten definiert, den wir heute verinnerlicht haben. Die Erwartungen an Führungskräfte werden mit kompetitiver Aggressivität, Ehrgeiz, Energie, Entschlossenheit, Schnelligkeit und Stärke assoziiert, sprich mit Begriffen, die typisch männlich sind.

Welcher Manager würde sich mit typisch weiblich belegten Begriffen beschreiben oder definieren, wie beispielsweise Zurückhaltung, Vorsicht, Kinderliebe, Empathie oder gar Gefühlsbetontheit? Geschlechterstereotype spielen bei der Besetzung von Führungsfunktionen nach wie vor eine große Rolle. Frauen, die in Führungsfunktionen gehievt werden, zeichnen sich häufig dadurch aus, dass sie mit typisch männlichen Eigenschaften konform gehen wollen. Auch geleitet von der Überzeugung, dann stärker von den Kollegen akzeptiert zu wer-

den. Jahrzehntelang haben Frauen deshalb in Führungsfunktionen das Verhalten der Männer imitiert und ihre
Intuition und sozialen Kompetenzen unterdrückt, um
betont männlich – nach dem Motto, ich habe hier alles
unter Kontrolle – aufzutreten.

Wir leben nach wie vor in einer Kultur, die die »typisch«
weiblichen Qualitäten systematisch geringschätzt. Den
Aufwand, den Frauen betreiben müssen, um in eine Führungsfunktion zu gelangen, ist deutlich höher als bei
Männern. Noch heute sind die männlichen Beziehungs-
netzwerke Symbole der Macht und deshalb fest in maskuliner Hand. Es ist eine Domäne, die es dem Mann erlaubt, alle tradierten Rituale auszuleben. Frauen stören
da nur, es ist ein Refugium, in das kein weibliches Wesen
Einzug halten soll. Die Frauen sollen »draußen« bleiben,
den Nachwuchs bekommen und versorgen. Engagierten
Frauen mit Kindern wird dementsprechend zur Ab-
schreckung gern der Begriff »Rabenmutter« entgegen-
geschleudert.

Achtundzwanzig Prozent aller Männer sind sowieso
der Meinung, dass schon zu viel für die Gleichberechtigung von Männern und Frauen getan worden sei. Immerhin geben dreiunddreißig Prozent der Männer zu,
dass es die traditionellen Netzwerke der Männer, auch
»Old-Boys-Network« genannt, immer noch gibt und
die Frauen keine solchen Netzwerke haben.[*]

Das autoritäre Zeitalter der Silvios, Wladimirs, Do-
nalds ist tatsächlich – wie wir leider täglich erleben müssen – noch nicht Geschichte, aber der Umbruch – eine
neue Weichenstellung – ist am Horizont sichtbar, eine

---

[*] Kampf der Geschlechter im Board. Harvard Business Manager; Oktober
2013

besser geführte Zukunft zeichnet sich ab. In einer globalen, komplexen und vernetzten Welt brauchen wir mehr Christines, Ursulas, Hillarys. Wir brauchen zur Empathie fähige Menschen, die in erster Linie auf langfristige Kooperation setzen. Wir brauchen keine unberechenbaren, egozentrischen, narzisstischen oder gar psychopathischen Eroberer mehr, die uns politisch und wirtschaftlich in die Nähe des Abgrunds führen. Kriege und Feldzüge waren von jeher ein Bestandteil der männlichen Vorherrschaft, in einer globalisierten Welt haben sie keinen Platz mehr.

Ich sehe einen tiefgreifenden Wandel vor uns. Die Männer müssen sich damit auseinandersetzen, dass ihr bisheriges Führungsverhalten für die heutige Welt nicht mehr taugt. Hierarchien werden zunehmend flacher, die jungen Menschen sind aufgeklärt und bestens informiert. Das Modell der strukturierten und oftmals zementierten Macht stößt an seine Grenzen.

Macht muss in Organisationen neu legitimiert und ausgeübt werden, um die Herausforderungen der gestiegenen Komplexität zu meistern. Zukünftig werden – so meine große Hoffnung – Argumente die Hierarchie schlagen. Männer müssen realisieren, dass Wärme, Empathie, Emotionalität und Intuition ihr Führungsverhalten bereichern kann. Nur durch diese »weiblichen Zutaten« kann die heute hochgradig vernetzte intelligente Interaktion erfolgreich sein. Der Abschied von der Vorstellung des omnipotenten, durchsetzungsfähigen, rationalen und konkurrenzorientierten Kämpfers ist längst überfällig.

Männer können und wollen das nicht wahrhaben, weil sie das Schreckensbild der dominierenden Amazone – psychologisch gesehen eine Projektion – in ihren Köpfen haben oder weil ein Abbild der übermächtigen und verletzenden Mutter ihre Vorstellung von einer möglichen Chefin prägt. So wehren sie sich unbewusst dagegen, den letzten »männlichen Raum«, sprich das berufliche Umfeld, den Frauen zu überlassen. Das bei Männern stark ausgeprägte Bedürfnis nach Freiraum wäre durch bestimmende Frauen dann auch hier noch verloren. Das wäre für viele eine Katastrophe, da der berufliche Bereich per se für den Mann als Identifikationsfeld ersten Ranges gilt. So muss er auf jeden Fall ein Matriarchat im beruflichen Kontext abwehren. Die Macht gibt der Mann allenfalls zu Hause ab, sonst nirgendwo.

Und aus der Sicht der Frau? Je mehr Frauen in Führungsfunktionen kommen, desto offensichtlicher wird ihr Dilemma. In meinen Beratungsgesprächen mit führenden Frauen stelle ich nämlich fest, dass Chefinnen oftmals nicht wissen, wie sie Männer führen sollen. Erstaunlicherweise beschäftigen sie sich viel zu wenig mit der »Seelenlage« des geführten Mannes – oder des Mannes überhaupt, um ihn psychologisch verstehen und damit einschätzen zu können. Wie sieht es denn aus, wenn der geführte Mann die Chefin unbewusst als Projektionsfläche für die eigene Mutter oder Ehefrau gebraucht?

Ich meine, Männer müssen von Frauen anders geführt werden als von Männern. Oder: Frauen müssen Frauen anders führen als Männer.

Dazu scheint es mir aber erforderlich, dass Frauen in leitenden Funktionen sich mit der spezifischen Art der »Männerführung« auseinandersetzen, um ein Verständnis für die »männlichen Sitten und Gebräuche« zu entwickeln. Die Kunst des Führens besteht auch darin, geschlechterspezifische Elemente zu berücksichtigen. Wenn eine Frau ihren Fuß in die Männerwelt setzt, hat sie die Führungswelt noch längst nicht verändert. Daher ist das Verständnis für die durchaus fragilen Männerseelen ein wesentlicher Bestandteil der professionellen Führung durch Frauen. Sie müssen die Ängste der Männer reduzieren, damit auch diese zunehmend weniger in alte Rollen flüchten und ihre Bedürfnisse verdrängen müssen. Führende Frauen können Männer hochgradig verunsichern!

Den führenden Frauen wird leider kontinuierlich suggeriert, dass sie sich in einer Männerwelt auf keinen Fall etwas gefallen lassen dürfen, sich immer durchsetzen müssen und sich keinesfalls ausbeuten lassen dürften. Ein Großteil der aktuellen Managementliteratur für Frauen empfiehlt daher – allzu simpel –, einfach den Machtanspruch zu sichern.*

Dass Frauen sich zu »Alphafrauen« entwickeln, indem sie ihre positiven weiblichen Seiten aufgeben und sich besonders hart zeigen, scheint mir kein gangbarer Weg zu sein. In dieser Form können sie zwar Karriere machen und Macht erobern, werden jedoch eher Ablehnung als Akzeptanz und Bewunderung bei den zu führenden Männern erfahren.** Die »Alpha-Persönlichkeit« bei Frauen lässt sich gemäß Studien sogar schon erfassen.***

Das sogenannte »Male-Bashing«, sprich: über die Männer zu schimpfen, sie verbal zu erniedrigen, sie als programmierte sexsüchtige und gewalttätige Ungeheuer zu diffamieren, macht die Welt des Führens auch nicht einfacher. Das gehört aber mittlerweile schon zum Standardrepertoire der Medien und klingt irgendwie auch als

* Rebekka Reinhart: Kleine Philosophie der Macht. Nur für Frauen; 2015
** Jan Fleischhauer: Alphafrauen. Der Spiegel; 51/2015
*** Rose Marie Ward, Halle C. Popson und Donald G. DiPaolo: Defining the Alpha Female: A Female Leadership Measure. Journal of Leadership & Organizational Studies; 17/2010

modischer Racheakt für all die Ungerechtigkeiten, die Männer im Lauf der Menschheitsgeschichte den Frauen angetan haben.

Die Pathologisierung der Männlichkeit ist sicher keine Lösung, auch wenn der *Spiegel* bereits vor Jahren Artikel veröffentlichte, die eindeutig in diese Richtung zielen.[*] Das führt zu einer Form des Anti-Männer-Sexismus, gegen den sich bisher kaum Widerstand rührt, der die Männer nur verunsichert, den Frauen aber nicht hilft. Das »gestörte Männerleben« und die zunehmenden Ängste vor einem »Minimatriarchat« sind die Folgen.

Daher möchte ich mit diesem Buch auch eine Lanze für die Männer brechen und ein wenig um Verständnis für die »Männer-Zwangslage« werben. Ich will das »Männliche« nicht aus der Welt schaffen. Denn was bleibt denn übrig an Männlichkeit, wenn der Mann durch die permanente Doppelanforderung – beruflich erfolgreich, teamorientiert, immer verständnisvoll und hochgradig familienorientiert zu sein – in Depression versinkt und keinen Mann mehr stehen kann? Auf der einen Seite würde das entscheidungsunfähige, stark irritierte, aufgrund der Doppelanforderungen im intrapsychischen Konflikt steckende Männer ergeben, die zunehmend die psychotherapeutischen Wartezimmer bevölkern. Auf der anderen Seite hätten wir Frauen, die sich beklagen, dass es keine »richtigen Männer« mehr gebe, dafür aber *Fifty Shades of Grey* zum Bestseller machen.

Der »Konkurrenzkampf zwischen den Geschlechtern« ist längst nicht ausgestanden, aber es bildet sich allmählich ein neuer Führungsstil heraus, der weibliche

---

[*] Jörg Blech, Rafaela von Bredow: Eine Krankheit namens Mann. Der Spiegel; 38/2003

und männliche Aspekte ideal vereinigt, zum Wohl von Mensch und Kultur. Ich betrachte ihn als eine Art androgyner Führungsstil, gekennzeichnet durch die besten Anteile von Mann *und* Frau. Ich möchte ihn »Meta-Gender«-Stil nennen: auf die Geschlechter blickend und über den Geschlechtern und deren Identität stehend, mit der Fähigkeit, sich selbst zu reflektieren und für die jeweilige Situation das adäquate Führungsverhalten zu zeigen. Das wäre mein Ideal, das ich am Schluss des Buchs skizziere.

Grundlage für alle Thesen dieses Buchs bildet zum einen die Vielzahl von soliden Untersuchungen und Publikationen, die es zu diesem Thema mittlerweile gibt. Zum anderen sind es meine langjährigen Beobachtungen und Erfahrungen, die ich in der intensiven psychologischen Arbeit mit Frauen und Männern gewinnen konnte. Ergänzt werden diese beiden Perspektiven durch Fallgeschichten – einige kurz und kompakt, andere ein wenig ausführlicher – und durch Exzerpte aus Interviews mit hochrangigen Führungskräften, die ich speziell für dieses Buch geführt habe.

Auf theorielastige Konzepte habe ich bewusst verzichtet, da ich ein Buch aus dem Leben für das Leben schreiben wollte. Natürlich bin ich mir der Tatsache bewusst, dass es auch »andere Frauen« und »andere Männer« gibt. Mir geht es jedoch um grundlegende Tendenzen, die insbesondere beim Führen eine entscheidende Rolle spielen können. In der uralten Diskussion um die Unterschiede zwischen Männern und Frauen und die damit verbundenen Verhaltensqualitäten bin ich pragmatisch und verfolge einen Ansatz, der weder die nachvollziehbaren soziologischen noch die beweisstarken biologischen Aspekte außer Acht lässt.

Sollten Sie sich als Leser oder Leserin provoziert fühlen, so entspricht dies meinen Absichten: Provokationen können helfen, die Dinge in einem anderen Licht zu sehen und bisher Unbedachtes – oder gar Verdrängtes – ins Kalkül zu ziehen. Sie können und sollen, ein wenig »Reibung« erzeugen. Als weiteres Stilmittel habe ich die Polarisierung und die Generalisierung gewählt. Spannende Bücher leben eben auch von der ein oder anderen Übertreibung wie auch Verallgemeinerung.

Ich habe mit Fußnoten gearbeitet, so dass die Leser die Literaturverweise auf jeder Seite direkt und unmittelbar im Blick haben. Das finde ich deshalb wichtig, da viele der genannten Quellen – allein durch die Titelformulierung – Leseatmosphäre erzeugen können. Wenn man erst im Verzeichnis hinten nachblättern müsste, wäre dieser Effekt nicht gegeben. Lesen hat für mich immer auch mit einer bestimmten Stimmung zu tun. Ich hoffe, ich kann eine solche Stimmung erzeugen, die die Ernsthaftigkeit des Themas, aber auch seine paradoxen, stereotypen und verrückten Momente widerspiegelt. Und ich hoffe schließlich, auch eine Atmosphäre des Aufbruchs zu vermitteln.

Fragile Männerseelen und die Folgen für die Führungskultur

Männer wollen Helden sein

Männer wollen erobern und nicht ständig
übergabebereite Festungen stürmen.

Oswalt Kolle, 1928–2010, Journalist,
Autor und Filmproduzent

Tief im Inneren der allermeisten Männerherzen liegt der
Wunsch verborgen, ein Held zu sein, anerkannt zu werden und Bewunderung zu ernten. Es ist zweifelsohne
Teil des genetischen und biologischen Programms, dass
Männer jagen, Burgen und Wälle bauen, aufeinander
schießen, andere Lebewesen bekämpfen, bisweilen extrem erniedrigen und letztendlich – wie auch immer –
siegen wollen. Das beginnt im Sandkasten mit der grund-
losen Zerstörung der Bauwerke anderer Kinder und
setzt sich über verschiedene Stadien im Jugendalter fort,
bis hin zu den von Imponiergehabe getriebenen Spielchen in den Managementmeetings.

Frauen, eventuell aber auch sensitive Männer können
ein Lied davon singen, wie sich Fronten auftun und weder Fragen nach soliden Entscheidungen noch solche
nach sinnvollen Inhalten im Mittelpunkt stehen, sondern
die eine Frage alles beherrscht: »Wer setzt sich durch?«

Das sind die klassischen Männerdebatten, gespickt mit
mehr oder weniger offenen Drohungen oder dem Hinweis auf die sogenannte rote Linie. Diese Diskussionen
machen Männern Spaß, sie lieben Gerangel und impo-
sante Wichtigtuereien. Man kennt sich und seine »Bud-
dies« ja schließlich, hat schon Gemeinsames erlebt und
zusammen Siege gefeiert. Die Rituale sind eingespielt,

jeder kennt seinen Platz in der Hierarchie, die Hackordnung ist definiert.*

In diesen manchmal rauhen verbalen Gemetzeln stören Frauen. In ihrer Gegenwart müsste man sich ja disziplinieren, zurückhalten und hätte gar noch das unangenehme Gefühl, kontrolliert, verbessert oder im schlimmsten Fall reguliert zu werden.

Das will – speziell im Beruf – kein Mann erleben: von einer Frau, auch wenn sie noch so kompetent scheint und sogar inhaltlich recht hat, zurechtgewiesen zu werden. Geschieht das in der Gegenwart männlicher Kollegen, ist das Ansehen vollends ruiniert, was einem psychischen Desaster in der Welt der Macht und Hierarchie gleichkommt.

An das »verbale Gemetzel« unter Männern ist man gewöhnt. Von einer Frau hingegen korrigiert oder verbessert zu werden, erleben viele Männer als »Genörgel«, weil es das Bild vom Helden, der weiß, was er zu tun hat, elementar in Frage stellt. Das gleicht in etwa einer öffentlichen Kastration.

Die Menschheitsgeschichte, aber auch aktuelle sehr kritische politische und wirtschaftliche Ereignisse zeigen, dass es nicht viel bedarf, um diese – stets vorhandene – maskuline Urkraft des Kampfes zu mobilisieren. Attentäter sind sogar bereit, den eigenen Tod in Kauf zu nehmen und an großartige Versprechungen für das Jenseits zu glauben, um in Erscheinung zu treten, berühmt oder berüchtigt zu werden. Ein Held sein zu wollen steckt in der Männerseele, auch wenn es nur für einen Tag ist.

Den eigenen Bekanntheitsgrad kann man in einer globalen und medial vernetzten Welt relativ schnell steigern, solange die Aktion nur auffällig oder grausam genug ist.

---

* Sibylle Berg: All die schönen Männerbünde. Spiegel online; 26.09.2015

Auch wenn Männer Suizid begehen, wird er zumeist demonstrativ und dramatisch inszeniert. Männer erschießen sich, werfen sich vor den Zug, stürzen sich von Brücken oder steuern im Extremfall vollbesetzte Flugzeuge in Felswände. Frauen hingegen sind auch beim Freitod wesentlich unauffälliger. Sie nehmen eine Überdosis Tabletten und sagen so der Welt eher leise – und meist, ohne andere zu gefährden – adieu.

Der Genetiker Steve Jones geht in seinem Buch *Der Mann. Ein Irrtum der Natur*[*] gar so weit zu behaupten, dass das Y-Gen langfristig im Verfall begriffen sei, weil Männer mit ihren Verhaltensweisen nicht mehr weiterkämen und sich so gegenseitig ins Jenseits befördern würden. Er betrachtet den »männlichen Mann« als Auslaufmodell der Evolution. Das ist natürlich eine fatal radikale Schlussfolgerung, zumal sich der Testosteronspiegel ja nicht einfach mal an- und abdrehen lässt und die Jahrtausende männlich-kulturell geprägter Lerngeschichte auch viel Positives hervorgebracht haben.

Männer sind Macher, Männer sind Täter. Männer begreifen sich als Rivalen. Sie gehen miteinander in Konkurrenz und versuchen die Welt ihren Vorstellungen gemäß zu gestalten. Ständig vergleichen sie sich: Wer verdient wie viel? Wer hat was? Wer hat recht? Wer verkauft mehr?

Der Psychologe Björn Süfke[**] schreibt dazu: »Die männliche Tendenz zu Konkurrenz und Leistungsdenken ist offensichtlich. Sie äußert sich in so ziemlich jedem gesellschaftlichen und individuellen Bereich: in Politik und Wirtschaft, Schule und Berufsleben ... Männer vermögen aus allem einen Wettbewerb zu machen.«

[*] Steve Jones: Der Mann. Ein Irrtum der Natur; 2003
[**] Björn Süfke: Männerseelen; 2010

Das geht so weit, dass etwa bei Volkswagen in großem Stil systematisch manipuliert wurde, um möglichst unangefochten auf Platz eins der weltgrößten Autoproduzenten zu kommen. Die kleinen oder großen Trickserein – immer mit der Idee, nicht erwischt zu werden oder schlauer zu sein als die anderen – sind versteckte Formen der Rivalisierung und Teil des Spiels im männlichen Selbstverständnis. Lockt das große Geschäft, wird auch gern mal, oftmals organisiert im großen Stil, betrogen. Wenn hierarchie- und autoritätshörig meist auf den unteren Ebenen dann keiner mehr den Mut hat, seinen Mund aufzumachen und zu widersprechen, können solche Aktionen unter Umständen in einem unternehmerischen Desaster enden.

Vermutlich ist auch die Mehrzahl der Akteure, die in den Panama-Papers enttarnt wurden, männlich.

»Rangordnung und Hierarchie sind für Männer wichtiger, als es den meisten Frauen klar, geschweige denn lieb ist. Männer besitzen auch größere Gehirnzentren für Muskeltätigkeit und Aggressionen. Ihre Gehirnschaltkreise für Partnerinnenschutz und Revierverteidigung sind von der Pubertät an auf Aktivitätsdrang eingestellt. Männer wachsen mit dem Druck auf, Ängste und Schmerzen zu unterdrücken, ihre weicheren Seiten zu verbergen und Herausforderungen zuversichtlich ins Auge zu sehen«, so die Neurobiologin und Neuropsychiaterin Louann Brizendine in ihrem bemerkenswerten Buch, in dem sie – sinnbildlich gesprochen – das männliche Gehirn seziert.[*]

Sämtliche wissenschaftlichen Studien zeigen, dass sich bereits Jungen deutlich mehr als Mädchen für Wettbe-

---

[*]   Louann Brizendine: Das männliche Gehirn. Warum Männer anders sind
       als Frauen; 2011

werbe und Konkurrenzspiele interessieren. Sie kämpfen gegen imaginäre Feinde und leben ihren angeborenen Drang nach »Beschützen, Austricksen und Verteidigen« aus. Sie drohen und attackieren und lassen Konflikte eher eskalieren, und das bereits ab dem Alter von drei Jahren. Mädchen hingegen ziehen kooperative Spiele vor. Sie versuchen Missverständnisse aufzuklären und Kompromisse zu schließen. Diese genetische Schwerpunktsetzung kann auch durch intensiven elterlichen Einfluss nur bedingt modifiziert werden. Vielen Führungskräften ist diese biologische Disposition leider nicht bewusst, insofern braucht man sich nicht zu wundern über die vorherrschende – oft unreflektierte und teilweise fatale – Führungskultur in Wirtschaft und Politik.

Ein für mich eindrucksvolles Beispiel zum Thema »Wer hat hier wie viel zu sagen?« stammt aus der Anfangszeit meiner Tätigkeit als Psychologe und Coach in den frühen 1990er Jahren. Als junger Psychologe leitete ich damals Seminare bei verschiedenen Banken und war mit sogenannten gestandenen Führungskräften konfrontiert. Die ersten Minuten dieser Seminare waren immer die entscheidenden. Sie bildeten die Grundlage für meine Akzeptanz, für meinen Hierarchiestatus oder drastischer formuliert: für mein »Überleben« als Seminarleiter. Unmittelbar zu Beginn des Seminars wurde ich getestet. Kann der was? Weiß der was? Wie reaktionsschnell ist der? Warum glaubt der junge Kerl, uns etwas beibringen zu können?

Es waren – aufgrund meiner Unerfahrenheit – immer diese ersten Minuten, die meinen Adrenalinspiegel in die Höhe trieben. Diese Testfragen kamen im Stakkatoformat und wurden ausschließlich – wie sollte es anders sein – von Männern gestellt. Dieses Szenario habe ich dann später als die sogenannte Colt-Situation bezeichnet, abgeleitet von den Westernhelden, die sich im Duell gegenüberstehen. In dieser spannungsgeladenen Situation gibt es nur eine wichtige Frage: »Wer zieht schneller«? Ein »Spiel« mit dem Zweck, die soziale Rangordnung zu definieren.

Die wenigen Frauen, die damals dabei waren, hielten sich zurück, hörten zu und signalisierten mir als Seminarleiter grundsätzlich erst einmal Wohlwollen. Keine war jedoch bereit, in die Bresche zu springen und den Attacken der männlichen Kollegen etwas entgegenzusetzen. Sie waren sozialisiert zur Anpassung. So war das zu Beginn der neunziger Jahre. Heute erlebe ich Frauen in solchen Kontexten deutlich mutiger.

Mittlerweile passiert mir die geschilderte Situation in der Form kaum noch. Ich gehe davon aus, dass dies primär meinem fortgeschrittenen Alter geschuldet ist. Mit einem Schmunzeln nehme ich zur Kenntnis, dass der ergraunde Mann nicht mehr so sehr als Rivale und potenzieller Konkurrent wahrgenommen wird.

Der Mann der Urzeit ging auf die Jagd, spähte und pirschte, lauerte seiner Beute auf und erlegte sie, oft ganz allein. Nur wenn er durch Raubtiere bedroht war oder ein möglichst großes Beutetier erlegen und vorzeigen wollte, tat er sich mit anderen zusammen, um seinen Jagderfolg sicherzustellen.

Der Jäger kehrte zur Sippe zurück und erntete Lob und Anerkennung, wenn er das Beutetier von der Schulter nahm und den Frauen und Kindern zu Füßen legte. Er war der Held, der das Tier besiegt und aufopferungsvoll dafür gesorgt hatte, dass wirkliche Nahrung (Fleisch statt nur die von den Frauen gesammelten Beeren) herbeigeschafft worden war. War ihm das Jagdglück nicht hold oder waren andere Jäger geschickter, erntete er spöttische Bemerkungen oder mitleidsvolle Blicke. Kein

Erfolg, keine Bewunderung, kein Held! Niedergeschlagenheit, aber auch der Ansporn, es wieder zu versuchen, waren die Folge solcher Erfahrungen.

Dieses urtümliche Jagdverhalten lässt sich noch immer eindrucksvoll bei den Buschmännern der Kalahari beobachten. Die Frau sammelt täglich Wurzeln und andere Pflanzennahrung in der Umgebung. Der Mann dagegen geht ab und zu auf die Jagd, ist tagelang abwesend, und kommt er zurück, ist die Spannung groß. Bringt er ein Beutetier mit, wird die Begeisterung zu einem sozialen Ereignis. Der Erfolg des Buschmanns wird gefeiert. Die Sammelaktivitäten der Buschfrau indes sind alltäglich und nicht der großen Aufmerksamkeit wert.

Auch heute scheinen diese Mechanismen noch überaus wirksam zu sein. Großwildjäger fliegen ein, gehen auf die Jagd, sammeln Trophäen, posieren mit großkalibrigem Gewehr und dem Fuß auf dem erlegten Tier, meist Großwild (am besten ein Exemplar der Big Five), was den Helden besonders imposant macht, und lassen sich mit stolzgeschwellter Brust ablichten. Die Fotos sind Beweismaterial für die eigene Großtat und lösen später unendlichen Gesprächsstoff unter Männern aus. Alles im Sinn der vergleichenden Frage: Welcher erlegte Hirsch hat mehr Enden? Für jeden Psychologen ein wunderbares Beispiel für Kompensation und Selbstdarstellung.

Noch ist nur jeder zehnte Jäger eine Jägerin.[*] Bleibt zu hoffen, dass die Frauen weiser sind und sich nicht diesem Männlichkeitsbeweis hingeben, obwohl sie angeblich emotionaler jagen. Was auch immer das heißen mag.

Auch im Rahmen der Sexualität spielt dieser tiefsitzende maskuline Antrieb eine Rolle. Und wenn die Frage

---

[*]   Anne-Nikolin Hagemann: Und sie schießen wirklich selbst? Süddeutsche Zeitung; 05.01.2014

nach dem Sexualakt mittlerweile lautet »Wie war es?«, ist damit natürlich immer noch gemeint: »Wie war ich?« Gerade hier giert der Mann nach positiver Resonanz, und jede Frau weiß aus Erfahrung, dass es für einen Mann nichts Demütigenderes gibt als eine abwertende Bemerkung. Dann geht nichts mehr. Der Held sieht sich dann als Verlierer, als Versager, und sein Selbstbild ist deutlich erschüttert.

Ein Fallbeispiel aus meiner Praxis schildert dies plastisch und gleichermaßen tragisch.

Herr M. suchte mich wegen massiver Alkoholprobleme auf. In episodischen Abständen (in der Regel etwa alle sechs Wochen) betrank er sich bis zur Besinnungslosigkeit. Dabei konsumierte er mehrere Flaschen hochprozentigen Kräuterlikör. Im betrunkenen Zustand wurde er mehrfach von seinem neunzehnjährigen Sohn (der sich – vollkommen schockiert und überfordert – starke Sorgen um seinen Vater machte) in die Notfallambulanz der örtlichen Klinik gebracht. Dieses selbstzerstörerische Verhalten zeigte er zum ersten Mal während seiner ersten Ehe, aus der auch sein Sohn stammte. Damals war er Mitte zwanzig, jetzt zweiundfünfzig Jahre alt. Als seine Alkoholexzesse bekannt wurden, wurde er als Führungskraft degradiert und bekam von seinem Arbeitgeber die Auflage, sich in eine Psychotherapie zu begeben.
Im Rahmen einer detaillierten Exploration kamen wir naturgemäß auch auf seine erste sexuelle Erfahrung zu sprechen. Die war für ihn als Mann ein kolossales Desaster. Er hatte mit sechzehn Jahren eine siebzehnjährige französische Touristin kennengelernt. Das war nicht untypisch, da er in einem bayerischen Ferienort lebte, in dem Menschen aus aller Welt Urlaub machten.
Sie wollten miteinander schlafen, aber er konnte seinen

ersten Sexualakt mangels einer stabilen Erektion nicht vollziehen. Per se nichts Ungewöhnliches, dass ein junger Mann beim ersten Mal den Anforderungen nicht ganz gewachsen ist. Sei es vor lauter Aufregung oder aus Unsicherheit. Entscheidend für ihn jedoch war die Reaktion der jungen Dame. Sie ließ ihrer Enttäuschung freien Lauf und zeigte keinerlei Einfühlungsvermögen. Ihre Worte: »Du bist ein kleiner deutscher Schlappschwanz«, brannten sich tief in sein noch junges Gedächtnis und ließen ihn nie wieder los. Vielleicht hatte sie ihre Worte nicht böse gemeint, möglicherweise hatte er sie auch sprachlich nicht exakt verstanden. Da er aber darüber hinaus eine Mutter hatte, die ihn sehr häufig abwertete und vor anderen bloßstellte, besaßen diese Worte für ihn eine traumatisierende Wirkung. Nur im Vollrausch konnte er sie vergessen.

In der Folge blieben alle seine sexuellen Kontakte außerordentlich schwierig und stets unbefriedigend. Dass er es trotzdem einmal geschafft hatte, davon zeugte sein Sohn. Über die Jahre generalisierte sein Verhalten: Immer wenn er kritisiert wurde, zog er sich zurück und betrank sich. Je weiter er beruflich aufstieg, desto gefährlicher wurde es für ihn, da er mehr und mehr in der Öffentlichkeit stand. Schließlich war er in einer staatlichen Leitungsfunktion.

Im Kopf wie im Herzen wollte er doch nur eines: Held sein, sein Ding gut machen und ein wenig Anerkennung einfahren. In der sensiblen Phase auf dem Weg zum Mann hatte er jedoch Pech, dass zwei Frauen dies nicht erkannten.

Mit dem Mut, dieses zu verdichten und solche Erfahrungen auf einen Nenner zu bringen, heißt dies unter dem Strich nichts anderes als: Der Mann tut und macht, schuftet und rackert wie blöde (wie es Herbert Grönemeyer in seinem Lied »Männer« besingt) und riskiert dabei nicht selten einen Herzinfarkt. Einzig und allein mit dem Ziel, Bewunderung zu ernten. Männer stehen daher unter Dauerstrom, ganz besonders, wenn sie führen. Sie sind umstellt von Konkurrenten. Der potenzielle Feind – und zunehmend auch Feindinnen – lauert überall.

Da hilft nur eines: gute Kumpels haben und Netzwerke (oder Männerbünde) bilden, damit zumindest der gewohnte und kalkulierbare Schutzschild in unmittelbarer Umgebung Zeit für ein paar ruhige Atemzüge lässt und der Körper Stresshormone abbauen kann. Nicht umsonst antworten viele erfolgreiche Männer auf die Frage, was ihnen Kraft gebe: »Meine Familie!« Hier haben sie in der Regel nichts zu befürchten. Allerdings nur, wenn die Frau sich anpasst, nicht zu viel fordert und das richtige Maß zwischen Selbstbewusstsein und Unterwerfung findet.

Wenn ich männliche Führungskräfte nach ihren Berufsmotiven frage, erhalte ich unisono die Antwort: »Einfluss nehmen können und erfolgreich sein.«

Im positiven Sinn gestalten Männer, sie schaffen Kunstwerke, sie forschen, konstruieren und operieren. Sie ernähren ihre Familie und schaffen oft Großes. Sie sind fähig, ergreifende Musik zu komponieren und literarische Meisterwerke zu schaffen. Sie fliegen zum Mond, erkunden die letzten Geheimnisse unseres Planeten, und sportlich vollbringen sie unvorstellbare Höchstleistungen. Und vieles andere mehr. Es gelingt ihnen, ihre Bedürfnisse nach Macht und Einfluss auf konstruktive Weise in Leistungen umzusetzen, die sozial erwünscht und oftmals sogar hoch geachtet werden. In den meisten Fällen schaffen sie es auch, Unternehmen umsichtig und wirtschaftlich sehr erfolgreich zu führen. Sie stehen zu ihren Vereinbarungen, schließen faire »Deals«, engagieren sich unter widrigsten Bedingungen und kämpfen mit vollem Einsatz für Gerechtigkeit. In allen diesen Fällen haben sie Anerkennung verdient.

Beim Lenken von Staaten sieht die Bilanz – insgesamt gesehen – nicht so brillant aus. Wenn es ihnen jedoch im Guten gelingt – auf welchem Feld auch immer –, sind sie konstruktive Helden. Sie können bewundernswerte Dinge erreichen, wenn sie es schaffen, ihre männlichen Energien zu bündeln und die aggressiv-destruktiven Anteile zu kanalisieren. Die Psychoanalyse bezeichnet diesen Vorgang als Sublimierung. Gemäß dieser Annahme ist wohl ein Teil der Kulturgeschichte der Menschheit als ein Ergebnis männlicher Sublimierung zu betrachten.

Im umgekehrten Fall jedoch ist die Bilanz grauenvoll. Da werden Männer zu chronischen Lügnern, Despoten, Diktatoren, Schlägern und sonstigen Kriminellen. Sie unterdrücken, quälen und morden sowohl die eigenen Geschlechtsgenossen wie auch die Frauen. Das primäre Motiv dabei ist leider allzu häufig: in Erscheinung treten, aktiv sein, tätig werden. Etwas Besonderes sein, etwas Außergewöhnliches tun. Dafür nehmen sie sogar höchste Risiken in Kauf. Ganz zu schweigen von unfassbaren Gewalttaten, die sie damit erklären, »die Welt retten zu müssen«. Ganze Staaten und Völker wurden so bereits ins Verderben gestürzt, angetrieben von einem rassisch begründeten Überlegenheitsgefühl, von religiösen Überzeugungen oder von Rache und verletzter »Ehre«. Der sogenannte Islamische Staat führt das derzeit in nicht zu überbietender Grausamkeit vor, vergleichbare Beispiele bietet die Geschichte der Menschheit zuhauf.

Der Literaturwissenschaftler und Kulturtheoretiker Klaus Theweleit beschreibt in seinem Buch *Das Lachen* *der Täter* männliches Verhalten von seiner bedrohlichsten Seite.* Er trifft – auch psychologisch gesehen – mit vielen seiner Thesen und Erklärungen ins Schwarze. Die Tötungslust dieser Männer ist bedingt durch ein fragmentiertes und hochgradig selbstunsicheres Ich, das nur durch die Hilflosigkeit seiner Opfer vorübergehend Stärke gewinnt. Darüber hinaus will der Killer, dass seine Taten in Erscheinung treten und möglichst großformatig in der Presse vervielfältigt werden. Das Zurschaustellen der Gewalttaten im Netz sichert ihm die Aufmerksamkeit der Weltöffentlichkeit. Er fühlt sich gesehen und wichtig, er fühlt sich als Held.

Im *Spiegel*-Interview** sagt der Religionswissenschaftler Olivier Roy dazu: »Wir haben es mit einer modernen Gewaltkultur zu tun, die durch und durch narzisstische Ausprägungen hat. Heute muss man berühmt sein, alle sollen einen kennen und fürchten. Man muss ein Held sein, auch wenn man ein negativer Held ist, das spielt keine Rolle. Hauptsache, Held.«

So desillusionierend es klingt und so hart es sein mag für Männer, dies akzeptieren zu müssen, eines ist klar: Männer sind Täter, getrieben vom Antrieb, etwas zu sein, etwas darzustellen, beeindrucken zu wollen, Aufmerksamkeit erregen zu wollen, Ansehen zu gewinnen – und stürzen sich deshalb viel zu häufig in enorm unheilvolle und verwegene Abenteuer. Frauen sind in solch einer extremen Variante die Ausnahmeerscheinung.

Das Fazit ist bitter, aber eindeutig: Der Mann strebt nach Erfolg, koste es, was es wolle. Dabei kommt es oft zu Verzerrungen der Realität. Denn Ratlosigkeit und

---

* Klaus Theweleit: Das Lachen der Täter: Breivik u. a. Psychogramm der Tötungslust; 2015
** Julia Amalia Heyer im Spiegel-Gespräch mit Olivier Roy: Hauptsache, Held sein. Der Spiegel; 4/2015

Hilflosigkeit kann er nicht zulassen, weil das nicht dem traditionellen Männlichkeitsideal des problemlösenden und expandierenden Machers entspricht.

Viele große und gescheiterte Unternehmenszusammenschlüsse belegen das. Hier sei als ein deutsches Beispiel nur die Fusion von Daimler und Chrysler genannt. Getrieben von Machtgelüsten und der Idee, ein »Management-Held« zu sein und die Titelblätter der hochglänzenden Managementmagazine zu schmücken, lassen sich Vorstandsvorsitzende hinreißen, völlig Unlogisches, Nichtnachvollziehbares oder gar Risiken einzugehen, die für Frauen im Management ein Unding wären.

Es gibt zahlreiche Studien, die zeigen, dass Männer ihre Leistungen eher überschätzen, wohingegen Frauen ihre Leistungen (bei objektiv gleicher Leistungserbringung) deutlich kritischer betrachten. Der männliche kleinere oder größere »Bluff« sorgt für die Sicherstellung der wirklich wichtigen Positionen.

Der Aufstieg und Fall des früheren Chefs von Bertelsmann, Karstadt und Quelle und bestbezahlten Managers des Kontinents, Thomas Middelhoff, demonstriert eindrucksvoll, wie es läuft, wenn es schiefläuft. Uwe Ritzer und Ulrich Schäfer haben das in ihrem Artikel »Mein Haus, meine Yacht, meine Familie« zutreffend analysiert:[*] Middelhoffs Motiv ist stets und in erster Linie die Suche nach Anerkennung gewesen, sei es gesellschaftlich oder finanziell.

Da Führungskräfte aller Couleur, vom Unternehmenslenker bis hin zum Spitzenpolitiker, unter Stress stehen, ist eine psychologische Studie der Universität Wien besonders interessant. Es zeigte sich – zur Überraschung der Forscher –, dass sich Männer unter Stress egozentri-

*   Süddeutsche Zeitung; 07.08.2015

scher und weniger empathisch verhalten als Frauen.* Damit dürfte sich eine Erklärung für die zum Teil sozial inadäquaten Entscheidungen von männlichen Führungskräften gefunden haben. Je mehr Stress, desto geringer die Empathiefähigkeit. Gute und weitsichtige Entscheidungen brauchen jedoch Vernunft und Empathie, damit die geführten Menschen sich verstanden und wertgeschätzt fühlen.

Vielleicht sollten Männer vor weitreichenden Entscheidungen ein wenig vom sogenannten Bindungshormon Oxytocin (das sogenannte Kuschelhormon, welches bei Frauen in höherer Konzentration vorhanden ist als bei Männern) inhalieren. Denn eine interessante, wenngleich etwas ältere Studie zeigt, dass durch Oxytocin die Reaktionen mitfühlender und die Stressreaktionen geringer werden.** Weibliche Hormone für stressreduzierte, weitsichtige Entscheidungen?

Ohne die Empathie (manche mögen es auch »politische Weitsicht« nennen, was meine These unterstützt) des umsichtigen amerikanischen Generals und späteren Außenministers und Friedensnobelpreisträgers George C. Marshall wäre Europa und insbesondere Deutschland nach dem Zweiten Weltkrieg vermutlich in völligem Chaos versunken. Er plädierte für eine massive Unterstützung zum Wiederaufbau Europas und Deutschlands – trotz vieler Gegenstimmen, die (racheorientiert) Reparationszahlungen des einstigen Kriegsgegners forderten. Eventuell lag es am fortgeschrittenen Alter von Marshall, das ihm Weisheit oder aber nur den altersbedingt sinkenden Testosteronspiegel bescherte.

---

* Egozentrische Männer, empathische Frauen. ReportPsychologie; 5/2014
** M. Heinrichs, T. Baumgartner, C. Kirschbaum, U. Ehlert: Social support and oxytocin interact to suppress cortisol and subjective responses to psychological stress. Biological Psychiatry; 2003.

Vom Beschützer zum einsamen Wolf

Alleinsein ist gewollte Einsamkeit,
Einsamkeit ungewolltes Alleinsein.

Sulamith Sparre, geb. 1959,
deutsche Schriftstellerin

In den männlichen Genen ist der Beschützerinstinkt fest verankert. So trivial es klingen mag, aber unser Gehirn wurde in Zigtausenden von Jahren durch das Leben in statusorientierten, hierarchischen Gruppen geprägt. Entsprechend möchte das männliche Hirn seinen Einflussbereich noch immer geltend machen und schützen, möchte Boss sein und Eindringlinge oder Feinde abwehren.

Typische männliche Verhaltensweisen – zunächst getrieben von den Hormonen – werden dann zusätzlich sozial verstärkt. »Das ist einer, der sich vor seine Leute stellt«, sind wertschätzende Formulierungen, die ich in meinen Führungsseminaren häufig zu hören bekomme, wenn es um die Frage geht, welche Verhaltensweisen einen guten Chef ausmachen können. Den symbolträchtigen Spruch »Ein erfahrener Chef mit einem breiten Rücken« höre ich oft, und er steht für das Bild vom starken Mann, der auch als Beschützer geeignet und akzeptiert ist. In der weiblichen Form, also über Chefinnen, habe ich solche Aussagen bislang noch nie gehört.

Es ist das Bild vom Beschützer, der dafür sorgt, dass sein Rudel, sein Team, seine Mannschaft, seine Familie, seine Frau – der Mensch ist Primat und Herdentier – nicht von Nebenbuhlern oder Konkurrenten bedroht wird. Wenn dieser Fall dennoch eintritt, wird zügig

Adrenalin freigesetzt, um die Kampfbereitschaft anzukurbeln. Kaum sind diese uralten in uns verankerten Verhaltensmuster aktiviert, ist mit jeder Art von Kooperationsbereitschaft verhältnismäßig zügig Schluss. Da läuft dann nur noch das Programm ab: »Fight or flight.«

Eine von mehreren weiblichen Führungskräften, mit denen ich in Vorbereitung für dieses Buch Interviews führte, bezeichnete dieses Verhalten ganz profan als »Berggorilla-Verhalten« im Sinn einer Machtdemonstration, das eigene Hoheitsgebiet zu schützen.

Man sollte jedoch auch den positiven Aspekt sehen: Die Evolution hat hier eindeutig etwas hervorgebracht, was dem Homo sapiens erlaubte, in Gemeinschaften erfolgreich zu agieren und sich gegenüber anderen Lebewesen durchzusetzen. Der Mann als Beschützer und Jäger auf der einen Seite und die Frau als Umsorgende für Kind und Wohnstatt auf der anderen Seite.

Eine uralte Arbeitsteilung und Spezialisierung gewissermaßen, die sich über viele Jahrtausende Entwicklungsgeschichte durchaus als Erfolgsmodell etablierte:

Der Mann als Beschützer – nicht als Pfleger – der ihm anvertrauten Menschen. Männer verteidigen so ihr Land oder ihre Firma. Sie sind bereit – auch für die Freiheit und den Erfolg –, ihr Leben zu opfern. Der wohlwollende Patriarch, der sich hochmoralisch und »väterlich« um seine Mitarbeiter kümmert. Er kann ein Garant für Stabilität und Verlässlichkeit sein. In dieser Rolle vermittelt er konsequent eine solide Männlichkeit. Dieser Typ Beschützer ist angesehen und sogar in der Werbung eine »schöne« Figur.

Und diese überaus selbstwertspendende Rolle soll den Männern nun genommen werden? Indem zunehmend Frauen in führende Funktionen drängen und danach trachten, diese ureigenen Rollen des Männlichen zu übernehmen? Das erleben viele Männer als Übergriff in ihr Hoheitsgebiet, und sie wehren sich durch eine unreflektierte und meist impulsive Abwertung der Frauen. Claus von Kutschenbach hat sich pointiert mit dieser Frau-und-Mann-Frage und ihrer Bedeutung für die Führung auseinandergesetzt.[*]

Erfolgreiche männliche Führungskräfte werden nicht müde, von ihrer Familie und ihren wohlgeratenen Kindern zu erzählen. Ab gewissen Hierarchieebenen, oder ganz speziell bei Unternehmensberatern, gilt es als anzustrebendes Statussymbol, möglichst drei bis vier Kinder sein Eigen zu nennen. Am besten mit einer etwas jüngeren, gutaussehenden und akademisch gebildeten Frau – die sich durchaus in ihrem Beruf selbstverwirklicht, wenn auch nicht konsequent, da sie sich nahezu aufopferungsvoll um die Kinder kümmert. Standesgemäß wird sie geschmückt mit einem Porsche- oder BMW-SUV. Hier kann der Beschützer im Manne ganz klar konstatieren: »Schaut her, ich sorge dafür, dass es meiner Familie gutgeht. Ihr mangelt es an nichts. Ich bin ein vorzüglicher Ernährer!«

Die erfolgreiche berufliche Ambition des Mannes gilt nach wie vor als zentraler Beweis dafür, ein guter Beschützer zu sein. Manchmal sogar um den Preis des Burn-outs. Geld und Status sind der Beleg für eine erfolgreich ausgefüllte männliche Rolle. Ein hoher Status ist die Währung erfolgreicher Männer. Sie trauen sich häufig nicht, Elternzeit zu beantragen. Sie haben Angst, dass eine »Auszeit« ihrer Karriere schaden könnte. Wenn man nicht da ist, nicht präsent ist, ist man »machtmäßig« eben schon weg vom Fenster.[**]

[*]   Claus von Kutschenbach: Frauen – Männer – Management; 2015
[**] Andrea Rexer: Wahlfreiheit für den Mann. Süddeutsche Zeitung; 18.12. 2015

Und der Raum, dieser männliche Aktionsradius, der so bedeutsam ist, der das alles ermöglicht, soll jetzt zunehmend geteilt werden mit karriereorientierten und irgendwie unheimlich anmutenden Frauen? Frauen, die wegen ihres beruflichen Fortkommens sogar auf Nachwuchs verzichten! Das löst bei vielen Männern definitiv Ängste, mindestens jedoch Unsicherheit, aber ganz sicher unbewusste Abwehr aus.

Der Beruf wird von den meisten Männern als extrem identitätsstiftend wahrgenommen. Hier erfahren sie Anerkennung und vor allem sichtbaren Erfolg – die typischen und uralten Symbole der Männlichkeit. Plötzlich aber soll der Mann (der Macher) sich von einer Frau etwas sagen oder gar Vorschriften machen lassen. Das ist ein Horrorszenario par excellence und überflutet das männliche Gehirn mit Stresshormonen, wenn es darum geht, sich von der Chefin im Rahmen eines »Performance-Gesprächs« bewerten zu lassen. Da leuchten alle Warnlampen auf, weil eine Erinnerung hochkommt – an die um gute Erziehung bemühte, aber oftmals korrigierende Mutter.

Männchen tun fast alles dafür, um den Weibchen zu gefallen, aber vor einer sachlichen Bewertung haben sie einen Heidenrespekt. Es könnte ja eine Abfuhr sein. Wird Mann von einem Mann bewertet, lässt sich als Erklärung – falls man nicht einverstanden ist – immer noch der Neid- oder Konkurrenzfaktor heranziehen. Das ist psychisch leichter verdaubar, als von einer Frau kritisiert zu werden.

Im Rahmen meiner Führungskräfteseminare mache ich immer wieder eine faszinierende Beobachtung. Wenn in diesen Männerrunden eine Frau dabei ist, die etwas deutlicher ihre Meinung vertritt, herrscht Schweigen. Keiner der Männer traut sich – beispielsweise bei abweichender Ansicht –, in die offene Konfrontation zu gehen. Die typischen männlichen Verhaltensmuster in Führungskreisen – einfach mal schön Kontra geben, um zu testen, wie der andere reagiert – werden plötzlich nicht mehr angewandt.

Ist eine Frau dabei, sind die Männer vorsichtiger. Und sobald sich einer vorwagt, mal vehementer zu agieren, wird er sofort von einem anderen – der meint, in die Beschützerrolle gehen zu müssen – zurückgepfiffen. Der Rest der Beteiligen blickt beschämt zu Boden.

Der »Männerforscher« Walter Hollstein argumentiert in seinem Buch *Was vom Manne übrig blieb,* dass mit dem Verlust der Ernährerrolle eine Bedrohung des männlichen Selbstwertgefühls einhergehe.[*] Das wirke sich auch elementar auf die private Beziehung und das emotionale Wohlbefinden des Mannes aus. Er vermeide aus Angst vor männlicher Diffamierung die aktive Auseinandersetzung im Rollenkonflikt und traue sich nicht mehr, sich zur Wehr zu setzen. Sucht, Depression, psychosomatische Beschwerden und Impotenz seien die Folgen.

Gemäß den inhaltlichen Schwerpunkten meiner Einzelberatungen und Therapien mit Männern kann ich diese Hypothese von Hollstein sehr gut nachvollziehen. Die Anfragen von in ihrem bisherigen Selbst verunsicherten Männern nach einem Therapeuten nehmen kontinuierlich zu. Alle hegen die Hoffnung, von einem Mann – der, wohlgemerkt, außerhalb ihrer hierarchischen Ordnung steht – als männliches Wesen besser verstanden zu werden. Dabei suchen sie nach Möglichkeiten, ihre wider-

---

[*] Walter Hollstein: Was vom Manne übrig blieb. Das missachtete Geschlecht; 2012

sprüchlichen Gefühle zunächst vorsichtig ertasten und ausdrücken zu können.

Sogar die Soziologen – traditionsgemäß weniger verhaltensbiologisch und genetisch orientiert – haben die Illusion von der Gleichheit in Beziehung und Partnerschaft weitgehend ad acta gelegt. Cornelia Koppetsch und Sarah Speck formulieren nach der Auswertung vieler Interviews in ihrem Buch *Wenn der Mann kein Ernährer mehr ist*[*] die Erkenntnis, dass die Ideale einer gleichberechtigten Partnerschaft extrem schwierig zu realisieren seien. Es konkurrieren zwei Wertvorstellungen. Das moderne Gleichheitsideal steht traditionellen (vermutlich genetisch determinierten und damit biologisch stark verankerten) Vorstellungen von Weiblichkeit und Männlichkeit gegenüber.

Dieses Denk- und Handlungsmuster sei sogar bei beruflich erfolgreichen und vermeintlich emanzipierten Frauen vorhanden. Es zeige sich auch in neuesten Studien zur Partnersuche, so Koppetsch. Der Mann soll größer sein, älter, charismatisch und keinesfalls weniger gebildet. Trotz aller Bekundungen zur Egalität in einer Beziehung, so eine der Schlussfolgerungen, spielen Idealbilder untergründig eine sehr große Rolle.

Im Klartext: Ein guter und sicherer Beschützer ist auch heute noch bei – offensichtlich – emanzipierten Frauen gefragt! Weiterhin gelten für nicht wenige Männer berufliche Probleme, seien sie bedingt durch eine Abfindung, Entlassung, ausbleibende Karriereschritte oder Unternehmenserfolge, als Auslöser für eine deutliche Krise ihrer männlicher Identität. Das enorme Kränkungspotenzial, das für einen Mann damit verbunden ist, können

---

[*] Cornelia Koppetsch, Sarah Speck: Wenn der Mann kein Ernährer mehr ist; 2015

Frauen oftmals nur bedingt nachvollziehen, wie das folgende Beispiel illustriert.

Herr T. wurde mit einer ausklingenden Depression zu mir geschickt. Nach insgesamt drei Monaten in der Psychiatrie wegen akuter Suizidalität sollte er jetzt ambulant psychotherapeutisch weiterbehandelt werden.

Mit seinen neunundvierzig Jahren, groß, gepflegt und stets geschäftsmäßig gekleidet, war er durchaus eine angenehme Erscheinung. Meine Frage, ob das seine erste Depression sei, bejahte er und erzählte mir spontan wesentliche Stationen seiner – stark auf den Beruf fokussierten – Lebensgeschichte. Ich spürte seinen Mitteilungsdrang und ließ ihn reden.

Als Sohn einer Unternehmerfamilie in Norddeutschland war er früh in die Belange der Firma eingewiesen worden. Nach einem Studium der Betriebswirtschaftslehre sollte er das Familienunternehmen übernehmen. Er entschied sich jedoch dafür, seinen eigenen Weg zu gehen, »sein Ding zu machen«, wie er sich ausdrückte.

Er heuerte bei einem traditionellen und auf exklusive Kundschaft spezialisierten amerikanischen Kreditinstitut an. Seine Fähigkeit, Kontakte herzustellen und Menschen zu überzeugen, brachte ihm gute Geschäftsbeziehungen ein. Das führte dazu, dass er nach wenigen Jahren eine eigene Vermögensverwaltung aufbauen konnte. Zwischenzeitlich hatte er eine attraktive und – wie es schien – sehr autonome Unternehmensberaterin geheiratet. Er verdiente genug Geld, sie konnten sich die schönen Dinge des Lebens leisten.

Als ihr Sohn zur Welt kam, entschieden sie, dass sie vorübergehend ihren Beruf ruhen lassen sollte, um sich um den Sohn kümmern zu können. Sie lebten gut. Er verkaufte seine Vermögensverwaltung, die mittlerweile auf insgesamt fünfzehn Mitarbeiter angewachsen war, investierte die Einnahmen in amerikanische Investmentfonds und verdiente in kurzer Zeit viel Geld.

Er fühlte sich gut, unverwundbar, ein erfolgreicher Mann, ein Fels für die noch junge Familie, einer, auf den seine Frau stolz sein konnte. Kurz vor der Immobilienkrise stieg er aus und kaufte sich in eine große Vermögensberatung als zweiter Geschäftsführer ein. Das ging schief, weil er sich nach geraumer Zeit nicht mehr mit seinem Mitgesellschafter vertrug. Er wollte wieder aussteigen.

Dann kam die Finanzkrise, und alles, was er aufgebaut hatte, drohte zu scheitern. Herr T. wollte raus aus dieser geschäftlichen Verbindung, was nicht so einfach war. Er verstrickte sich in einen Rechtsstreit, der ihn viel Geld und noch mehr psychische Energie kostete.

Seine Frau, ganz Unternehmensberaterin, empfahl ihm, sich nicht zu verbeißen und etwas Neues zu beginnen. Sie war jedoch nicht bereit, ihrerseits zum finanziellen Lebensunterhalt beizutragen, um ihm ein wenig Freiraum zu verschaffen. Reiten und Yogakurse waren ihr wichtiger. Sie hatte sich daran gewöhnt, dass er der Ernährer war, ein Scheitern des bisher erfolgreichen Mannes aus der Unternehmerfamilie passte nicht in ihr Lebenskonzept.

Irgendwann konnte er nicht mehr und hegte Selbstmordgedanken, um seinem gefühlten Versagen ein Ende zu setzen. Das erzählte er nur einem Menschen, seinem besten Freund. Der war immerhin so geistesgegenwärtig, ihn sofort in eine Klinik zu bringen.

Im Rahmen der Therapie lud ich auch seine Frau mehrfach ein, zur Fremdanamnese, aber auch zu paartherapeutischen Gesprächen. Ihre Haltung signalisierte – auch in seiner Gegenwart – Überheblichkeit, Unnachgiebigkeit und Ignoranz. Sogar in seiner schwersten Krise hatte *sie kein Verständnis für den »schwachen und gekränkten Mann«. Sie hatte wohl das Credo »Gehe deinen Weg als Frau« zu wörtlich genommen und ließ meine Empfehlung, zur Entlastung ihres Ehemanns wieder beruflich aktiv zu werden, komplett an sich abtropfen. Sie zeigte Härte, wo eigentlich Einsicht und Mitgefühl notwendig gewesen wären. Sie konnte die tiefe Kränkung ihres Mannes, ausgelöst durch den beruflichen Absturz, nicht nachvollziehen und bewertete seine Depression als Überreaktion. Als ich in einer der Folgestunden die Einstellung und das Verhalten seiner Frau mit ihm zu reflektieren versuchte, meinte er nur lapidar und mit resigniertem Unterton: »So ist sie halt, ein typisches Alphaweibchen! Sie wollte und will bestimmen, schon immer. Mir tut zunehmend unser Sohn leid.«*

Wenn Frauen in einer Beziehung die Ernährerrolle übernehmen – bedingt durch eine Notsituation oder weil sie beruflich erfolgreicher sind und entsprechend einen höheren finanziellen Betrag leisten können –, dann kratzt diese Situation elementar am Selbstwertgefühl des Partners.

Für fast jeden Mann ist der Verlust der Erwerbstätigkeit eine existenzielle Gefährdung. Seine Männlichkeit ist gekränkt, er kann nicht mehr Beschützer sein.

Er baut einen Schutzmechanismus auf, um das fragile Selbst zu stärken: mit Coolness. Je nach sozialem Milieu kann das unterschiedlich aussehen. Meist ist es jedoch mit einer emotionalen Distanz zur Partnerschaft verbunden, und ein solcher Mann zieht sich in einen »homosozialen« Raum wie Fitnessstudio, Kneipe und vergleichbare Institutionen zurück. Mancher zieht sich auch, so er Akademiker ist, in kreative Selbstverwirklichung zurück, schreibt Bücher, malt Bilder.

Funktionieren diese (Rückzugs-)Bewältigungsmuster nicht mehr, ist häufig eine männliche »verdeckte Depression« die Folge. Somatische Symptome ohne organische Ursachen gelten hierfür als typisch.

Allzu selbstbewusste Frauen blockieren unbeabsichtigt die für den Mann und seine Männlichkeit so wichtigen »Beschützerinstinkte«, indem sie ihm aus übertriebenem Engagement auch noch die letzten Bastionen streitig machen, in denen der Mann als Beschützer fungieren kann, sei es beim Bezahlen im Restaurant oder auch nur beim Aufhalten einer Tür mit dem Kommentar »Das kann ich schon selbst«. Dabei vergessen sie vermutlich, dass nicht jeder Mann die Selbstsicherheit eines George Clooney oder Brad Pitt besitzt.

Wird der Mann jedoch als guter Beschützer wahrgenommen, steigt nicht nur seine Attraktivität, sondern er kommt auch im Rudel oder im Unternehmen weiter. Beherrscht er die Klaviatur des Spiels mit der Macht, insbesondere das Schaffen von nützlichen Netzwerken, lässt er sich bei Betrügereien nicht (zu früh) erwischen, dann kann er durch die Hierarchien ganz nach oben gelangen.

Doch die Luft wird dann zunehmend dünner. Rivalen gibt es zur Genüge. Der allseits geschätzte Beschützer wird irgendwann zum einsamen Wolf. Er weiß, dass er jetzt ganz oben steht, und viele warten nur, ihm irgendwann diesen Status »abzujagen«. So zieht er sich zurück und hat immer weniger Vertraute.

Dann sucht er sich einen Coach oder Berater. Dieser wird dafür bezahlt, zu schweigen und sich die Sorgen und Nöte des einsamen Mannes an der Spitze anzuhören, den niemand mehr versteht, nicht einmal die Ehefrau. Die Worte, die ich häufig aus dem Mund solcher Menschen höre, klingen vordergründig trivial, sind aber gleichzeitig auch tief erschütternd.

»Ich kann niemandem mehr trauen, mir sagt offen und direkt niemand mehr etwas Kritisches. Alles geht nur hintenherum. Ich fühle mich allein, ich bin von Rivalen oder Speichelleckern umgeben.«

Der erfolgreiche Beschützer ist zum einsamen Wolf geworden. Sein Herz ist zu kaltem Stein verhärtet, obwohl seine Seele doch eigentlich nur Anerkennung und Liebe wollte. Er lebt plötzlich in einer Welt voller Konkurrenten und ohne Empathie. Manche dieser einsamen Wölfe verhärten sich so stark, dass sie zu hassen beginnen – und auf diese Weise ernsthaft gefährlich werden können.

Zwischen Narzissmus
und Depression

Der sehr narzisstische Mensch hat eine
unsichtbare Mauer um sich erstellt,
er ist alles, die Welt ist nichts – oder vielmehr:
Er ist die Welt.

Erich Fromm, 1900–1980, Psychoanalytiker,
Philosoph und Sozialpsychologe

Der Psychoanalytiker Hans-Joachim Maaz nimmt in
seinem vielbeachteten Buch *Die narzisstische Gesell-*
schaft[*] eine verhältnismäßig extreme Haltung ein. Er
spricht davon, dass sich in unserer Gesellschaft die »Ver-
breitung und Ansteckung« des pathologischen Narzissmus, der sogenannten narzisstischen Störung, »ähnlich
der Pest im Mittelalter« kaum noch beherrschen lasse.
Damit konstatiert er Narzissmus als gesellschaftliches
Phänomen und kreiert ein Szenario, dem zufolge alle
akuten Themen und Probleme unserer Gesellschaft darauf zurückzuführen seien.

Ganz so weit würde ich nicht gehen, dennoch stimme
ich der Beobachtung zu, dass insbesondere bei Männern
in Führungsfunktionen pathologisch narzisstische Anteile sehr häufig anzutreffen sind.

Es handelt sich dabei um Menschen, die an einem
grundsätzlichen Minderwertigkeitsgefühl leiden. Dieses
wird – so die psychoanalytische Theorie – auf eine frühe
Abwertung, mangelnde Bestätigung, fehlende Liebe

---

[*] Hans-Joachim Maaz: Die narzisstische Gesellschaft. Ein Psychogramm;
2012

oder gar starke Ablehnung (primär durch die Eltern, sei es bewusst oder unbewusst) zurückgeführt. Um das daraus resultierende mangelnde Selbstwertgefühl und den damit verbundenen Schmerz zu kompensieren, strebt der pathologische Narzisst nach oben.

Betrachtet man beispielsweise die Biographien von »autoritär herrschenden« Politikern wie Wladimir Putin unter diesem Gesichtspunkt genauer, lassen sich die genannten Erklärungsansätze gut nachvollziehen. Seine erniedrigenden Kindheitserlebnisse waren der »Motor«, um möglichst ganz nach oben zu kommen und sich dort, solange es eben geht, zu halten, und sei es um den Preis der Regelverletzung.

Der Narzisst will den Erfolg um jeden Preis, er wertet andere ab, er ist getrieben. Seine Zufriedenheit durch die erzielten Erfolge währt jedoch nur kurz. Kleinste Misserfolge können ihn in schwere Krisen stürzen. Er giert nach Bestätigung, versucht sich als Held zu inszenieren und zeigt oft Überreaktionen.

Um große und bewundernswerte Leistungen zu erzielen, scheut er keine Mühe, er ist enorm fleißig. Er hetzt von Termin zu Termin und möchte alles unter Kontrolle haben. Er will als wichtig und bedeutend gesehen werden und glaubt, besondere Anerkennung und Aufmerksamkeit seien ausschließlich für ihn da. Seine Boni sind ihm wichtiger als das Wohl des Unternehmens. Er lobt sich selbst hoch und wertet andere ab.

Zur Empathie ist er nur bedingt fähig. Maaz äußert sich dazu im Detail: »Minderwertigkeitsgefühl und Selbstunsicherheit stellen einen ständigen seelischen Stachel dar, der zum quälenden Antreiber wird, durch besondere Anstrengungen und Leistungen, durch Ehrgeiz und herausragendes Engagement zu beweisen, dass man doch liebens- und anerkennenswert sei.«

Das ganze narzisstische Spektakel dient also im Kern dazu, von eigenen Minderwertigkeitsgefühlen abzulenken.

Der pathologische Narzisst ist häufig in Führungsfunktionen anzutreffen. Weil er – hoch leistungsorientiert – auch ein guter Schauspieler ist! Dieser Typus definiert dementsprechend auch kultur- und branchenübergreifend das männliche Führungsverhalten.

In Zeiten von Krisen und schwer zu handhabenden gesellschaftlichen Veränderungen wird oft der Ruf nach autoritärer Führung laut. In solchen Momenten schlägt leider oftmals die Stunde des Narzissten. Wenn er dann tatsächlich Zugang zur Macht bekommt, entsteht eine explosive Situation. Dem Narzissten geht es nur um sich, nicht um das Wohl der Gemeinschaft. Er »spielt« mit den anderen und geht unkalkulierbare Risiken ein, um in Erscheinung zu treten und sich in den Geschichtsbüchern wiederzufinden.

Die Selbstdarstellungsfähigkeit ist manchmal eine kaum zu ertragende Komponente seines Verhaltens. Das ist uns allen wohlbekannt, sei es aus Politik oder Wirtschaft. Mangelnde Einsicht und die vollständig fehlende Bereitschaft, Fehler zuzugeben, sind ein Wesenszug dieser narzisstischen »Führer«.

Eine weitere gängige psychologische Erkenntnis speziell des männlichen Narzissmus erklärt die betonte und überhöhte Selbstdarstellung des Mannes gegenüber Frauen mit einem unbewussten Abgrenzungsmechanismus gegenüber einer vormals überbehütenden Mutter. Die Selbstdarstellung will sagen: »Schau her, ich bin ein ganzer Mann!«

Die Betonung der Männlichkeit und das deutliche Herausheben ihrer Wichtigkeit, aber auch das Ausgrenzen der Weiblichkeit dienen dann zur »nachträglichen Beweisführung«, sich von einer Frau nie mehr »behüten oder bestimmen« lassen zu wollen. Also stören Frauen, die dem Mann sagen, wo es langgeht oder was zu tun ist. Keine Chefin, bitte, denn sie erinnert den Narzissten an die eigene Mutter!

Eine dritte Erklärung des Narzissmus bezieht sich auf die frühen Sozialisationserfahrungen und beschreibt ihn als eine Folge verwöhnender und verhätschelnder Erziehung. Kleine Prinzessinnen oder Prinzen gewöhnen sich schon früh daran, dass sie bewundert und abgöttisch geliebt werden und alle nach ihrer Pfeife tanzen. Vor Enttäuschungen und Zurückweisungen haben sie die Eltern bewahrt. Realistische Grenzen wurden ihnen nicht gesetzt.

Mit diesem verinnerlichten Anspruch gehen sie auch als Erwachsene auf andere zu. Eltern, die ihren Nachwuchs für kleine Genies halten, für die Außergewöhnlichsten der Außergewöhnlichen, fördern die Grenzenlosigkeit, indem sie mit Hilfe von Anwälten, Ärzten und Psychologen die scheinbare Einzigartigkeit zu erkämpfen und zu sichern versuchen.*

Das ist die Hypothese der sozialen Lerntheorie, die von neueren Forschungsergebnissen vielfach untermauert wird: Eltern überbewerten ihre Kinder, sie vermitteln ihnen, sie seien etwas Besonderes und mehr wert als andere. In einem Zeitalter, in dem Kinder von den Eltern zum »ultimativen Projekt«, fast göttlicher Dimension, definiert werden, begegnen uns mehr und mehr narzisstisch gestörte Personen.

---

* Barbara Hardinghaus, Dialka Neufeld: Du bist Mozart. Der Spiegel; 41/2015

Wir leben in einer Leistungsgesellschaft, die mittlerweile zu einer global-medialen Selbstdarstellungsgesellschaft mutiert ist. Immer mehr geht es darum, andere zu übertrumpfen, besser und bekannter zu sein, mehr in Erscheinung zu treten, im Ranking zu den Besten zu gehören. Macht, Einfluss, Geld, Status, perfektes Aussehen, außergewöhnliches Verhalten (auch wenn es noch so entwürdigend oder grausam ist), Intelligenz, gefühlte Einzigartigkeit und Beliebtheit werden zu einer Währung, die als emotionaler Lohn empfunden wird.

Diese Währung spricht insbesondere Männer an, weil sie hierarchiebezogener denken und fühlen. Daher ist genau diese Währung oftmals die entscheidende Triebfeder für ihre Aktionen auf dem Weg nach oben. Haben sie durch Fleiß und Ausdauer erst einmal eine vorgesetzte oder mächtige Funktion erobert, lassen die Konsequenzen nicht lange auf sich warten: feindselige Ungeduld, Spott, Herablassung oder rasende Ungeduld gegenüber all den anderen, die langsamer, weniger organisiert, weniger gebildet, weniger wortgewandt, sprich: weniger wertvoll sind.

Schon früh wurden sie darauf getrimmt, etwas Besonderes zu sein. Die eigene Überlegenheit und die Minderwertigkeit der anderen sind daher die radikale Basis für eine wenig kooperative und Gleichberechtigung ablehnende innere Haltung. Wird dieser Hochmut sogar kollektiv, nährt er Feindschaft und Verachtung und kann letztendlich in kriegerische Auseinandersetzungen münden.

Die libanesische Frauenaktivistin Joumana Haddad geht in einem Artikel[*] so weit zu sagen, dass manche Mütter ihren Söhnen von klein auf das Gefühl geben, sich alles erlauben zu können. So erziehen sie ihre Söhne

---

[*]   Joumana Haddad: Mama, die Macho-Macherin. Die Zeit; 3/2016

zu gewalttätigen und frauenverachtenden Männern. Der Mann als Produkt einer Mutter, die keine Grenzen setzt, um den Sohn auf den Boden der Tatsachen zu halten: Dieser narzisstische Macho-Mann ist in vielen Kulturen verbreitet.

Zurück in unsere Chefetagen: Narzisstische Chefs erzeugen eine gespannte, angstgeladene Atmosphäre. Entsprechend gibt es in ihrem Umfeld bewundernde »Speichellecker« oder Menschen, die aufgegeben haben und sich nur noch unterordnen. Diejenigen, die Widerspruch zeigen, gehen oder werden krank.

Es ist vielfach belegt, dass Männer tendenziell hochmütiger und narzisstischer sind als Frauen. Wie es dem Umfeld damit geht, möchte ich an einem Fallbeispiel schildern – mit aufschlussreichem »Umweg«.

Alle in seinem näheren Umfeld wurden krank. Manche erwischte es schneller, bei anderen dauerte es. Er versprühte ein gefährliches Gift, unsichtbar und geruchlos, stets gegenwärtig, nicht tödlich, jedoch von einer unbeschreiblichen Intensität. Dieses Gift war sein ständiger Begleiter und bestimmte seine Aura. Jeder in seiner unmittelbaren Umgebung spürte es, konnte sich jedoch nicht dagegen wehren, weil es eine subtile und für die meisten nicht einzuschätzende Kraft und Intensität besaß.

Zuerst umhüllte das Gift seine Sekretärin, die nach eineinhalb Jahren Zusammenarbeit einfach nicht mehr konnte und zusammenbrach. Ärztliche Diagnose: Depression.

Auch durch die Hierarchieebenen diffundierte sein Gift. Es durchdrang die gesamte Führungsmannschaft. Ein Bereichsleiter warf seinen Job hin, weil er sich über Monate wie gelähmt fühlte und das Gift ihm kontinuierlich vermittelte, nicht gut genug zu sein. Psychiatrische Diagnose: Burn-out.

Sein knapp fünfzigjähriger Vorstandskollege bekam unerklärbares Herzrasen, schwitzte am Tag mehrere Hemden durch und konnte aufgrund von wiederkehrenden eruptionsartig auftretenden Beklemmungsgefühlen kaum noch schlafen. Das Gift hatte auch ihn erfasst, obwohl er doch eigentlich Kollege auf derselben Ebene war und keine Angst zu haben brauchte. Die ständigen Abwertungen als wesentliche Essenz des Giftes waren jedoch gnadenlos und trieben auch ihn immer mehr in die Enge. Neurologische Diagnose: Panikattacken.

Seine Ehefrau Karin lernte auf einer beruflichen Weiterbildung den Seminarleiter, einen verständnisvollen, toleranten und nahbaren Osteopathen, näher kennen und verliebte sich. Sie wusste, wenn Jonathan davon erführe, würde sie sein Gift in vollem Umfang treffen, mit allen Bestandteilen, die sie, seit sie ihn kannte, unzählige Male zu spüren bekommen hatte: indirekte Abwertungen, Kritik, Vorwürfe, Drohungen und endlose nächtliche Diskussionen, die letztendlich in arroganter Herablassung ihr gegenüber mündeten.

Es war immer sehr schwierig für sie, die Gefahr dieser brisanten Mischung richtig einzuschätzen, da er bei all seinen Ausführungen besonders freundlich blieb. Nie wurde er laut oder gar verbal ausfällig. Seine Mimik und Gestik signalisierten jedoch eindeutig, dass er sich für etwas Besseres hielt. Er demonstrierte eine unterschwellige Verachtung gegenüber der ganzen Welt, mit einer einzigen Ausnahme: seine eigene Person.

Vordergründig – wenn er das Gefühl hatte, seine Frau würde Schluss machen – entschuldigte er sich. Dann brach ihre selbstwerterhaltende Abwehr zusammen, auch weil er so verdammt gut aussah. Die Eleganz seiner Bewegungen, seine schlanken Hände, seine hellblauen Augen und nicht zuletzt sein leicht graumeliertes, volles

Haar – das wusste sie – machten ihn zu einem äußerst attraktiven Mann, den sie nicht verlieren wollte.

Sein Gift war außerordentlich unkalkulierbar, weil es von einer Quelle ausging, die keineswegs verseucht schien. Zumal er – und davon profitierte sie – beruflich enorm erfolgreich war. In nur wenigen Jahren hatte er es vom Bankberater zum Vorstand einer renommierten Genossenschaftsbank geschafft und ermöglichte ihnen ein zumindest materielles Leben auf hohem Niveau.

Karin lebte das typische Leben einer wohlhabenden Ehefrau im attraktiven Münchner Süden. Wenn sie mit ihrem überdimensionierten weißen Range Rover zum Shoppen in die Maximilianstraße fuhr, gelang es ihr bestens, ihre ärmliche Herkunft zu vergessen. Erst wenn sie zu Hause die prall gefüllten Einkaufstüten von Gucci, Prada und Feinkost Käfer abstellte, wurde ihr schlagartig klar, dass sie irgendetwas kompensierte und die Einkäufe ihr keine wahre Freude mehr bereiteten, weil Spuren der Angst vor dem Gift ihres Mannes stets in ihr schlummerten und ihr Unbekümmertheit und Lebenslust nahmen.

Nach außen wirkten sie als absolut makelloses Paar. Jonathan, distanziert, vorstandsmäßig korrekt und elegant gekleidet, stellte mit seinen hellblauen Augen einen auffälligen Kontrast zu Karins roter Mähne und ihren dunkelgrünen Augen dar. Alle bewunderten die beiden. Das Glück schien ihren Lebensweg zu bestimmen.

Das hatte sie auch immer gedacht – bis sie nach der Geburt ihrer beiden Kinder realisierte, wie er sich verändert hatte. Er zeigte sich immer unverzeihlicher und überheblicher, wenn er merkte, dass jemand von ihm abhängig war. Nie hatte sie den Eindruck, dass er zufrieden war. Selten war ihm irgendetwas recht, weder bei seinen Mitarbeitern noch im Restaurant, nie konnten seine Ansprüche befriedigt werden. Wie eine Raubkatze schien er *genau zu beobachten, was um ihn herum geschah. Passte es ihm nicht, schlug er mit messerscharfen Worten zu. Wunderbare Momente zerstörte er zielsicher, als ob er es nicht aushalten könnte, auch nur Sekunden des Glücks zu ertragen.*

Verbal außerordentlich versiert, verstand er es, Menschen im Kern zu erschüttern. Nach der Geburt ihrer ersten Tochter – Karin schwebte auf einer postnatalen Welle der Euphorie – stellte er mit einer spitzen Bemerkung seine Vaterschaft in Frage. Nie würde sie dieses Erlebnis vergessen, wie er am Fußende des Bettes stand und sie indirekt beschuldigte, ein Verhältnis mit einem anderen gehabt zu haben.

Immer wieder hatte sie versucht, ihm jeglichen Wunsch von den Lippen abzulesen. Die Hoffnung, damit von seinem Gift verschont zu werden, erfüllte sich nicht. Sie hätte so gern das gemeinsame Leben als Familie mit Harmonie und Frieden erfüllt. Der Widerstand gegen die Selbstbezogenheit ihres Mannes kostete sie alle verfügbare Energie, die nun mehr und mehr versiegte. Sein Gift war so hartnäckig, so penetrant, so allgegenwärtig. Als sie nicht mehr weiterwusste, kam sie zu mir in die Sprechstunde.

Der männliche Narzisst lässt sich nicht behandeln. Das würde er nur als Schwäche verbuchen – und ablehnen. Es würde im Endeffekt das fragile Selbst offenbaren und den verdrängten Schmerz über frühe Kränkungen offensichtlich machen. Eine Therapie würde aber auch die unrealistischen und überzogenen Erziehungsideale der Eltern aufdecken, und das würde bedeuten, sich von der eigenen Grandiosität verabschieden zu müssen.

Welche Führungskraft will das schon? In der heutigen Zeit?

Die einzige Chance, einen Narzissten zu »knacken« – so habe ich es in meiner Praxis erfahren –, ist, in eine Phase zu stoßen, in der seine vordergründige »Coolness« und blendende »Souveränität« brüchig ist. Wird er von seiner Partnerin verlassen oder gar aus seiner Firma geworfen, besteht die Chance, dass der »Größenwahn« des Narzissten zusammenbricht und er in eine Depression fällt. Wenn er ganz unten ist, dann weint er, erlebt den Schmerz und kommt Gefühlen nahe, die für ihn bisher nur Schwäche bedeuteten.

Solange die Welt der Chefetagen jedoch eine männliche Welt ist, in der Gefühle als »behindernd und unsachlich« klassifiziert werden, werden wir weiter von Männern geführt oder regiert werden, die ihr eigentliches Ich hinter einer »fragilen Fassade« verstecken. Zur Abwehr der eigenen Unsicherheit wird lieber zur »Attacke« geblasen, statt zu trauern, innezuhalten, sich Zeit zu nehmen, um neue Wege zu gehen, vielleicht auch mal die eigene Schuld zuzugeben. Anstelle dessen wird nur weiter die eigene Überheblichkeit kultiviert.

Zahlreiche Topmanager nehmen zwar immer wieder Beratungen in Anspruch. Der Berater wird aber meist nur dazu »missbraucht«, narzisstische Bedürfnisse zu erfüllen und das eigene Handeln zu bestätigen.

In den narzisstisch dominierten Führungsebenen findet daher – so meine ernüchternde Erkenntnis – keine wertschätzende und umsichtige Führung statt. Angesichts dieses Tatbestands bleibt mir nur die Hoffnung, dass dieser »narzisstische Virus« immer öfter am »biologischen Immunsystem« der Frauen scheitert. Freilich sind auch Frauen, die oben mitwirken wollen, vor der in der Kindheit gelegten »Falle des Narzissmus« nicht gefeit.

Das »Mama-Trauma«

Das zukünftige Geschick des Kindes
ist immer das Werk der Mutter.

*Napoleon Bonaparte, 1769–1821,
General, Diktator und Kaiser*

Wenn ich mir die »führenden Männer« in meiner Praxis und in den Seminaren genauer anschaue, kann ich dem Thema »Mutter« nicht ausweichen. Die Mutter ist die erste und (psychologisch betrachtet) die wohl wichtigste Frau im Leben eines Mannes. Sie bestimmt, neben der genetischen Disposition, in höchstem Maß, ob der Sohn narzisstisch abhebt, depressiv durch das Leben schleicht oder im Reinen mit sich selbst die Welt betrachten kann.

Prinzipiell liebt jeder Junge seine Mutter. Sie ist, genau genommen, die erste Frau in seinem Leben, die er bewundert. Die erste Frau, der er imponieren möchte. Um in ihrer Gunst zu steigen, ist er sogar bereit, mit dem Vater (falls vorhanden) zu konkurrieren. Dieses Thema hat spätestens seit Sigmund Freud und seinem vielzitierten Ödipuskomplex Einzug in unser psychologisches Alltagswissen gehalten: der Sohn, der eifersüchtig auf den Vater reagiert, weil der ihm ja die uneingeschränkte Zuneigung und Aufmerksamkeit der Mutter nehmen könnte.

Keine Frage: Es gibt jede Menge fantastische Mütter! Mütter die sich liebevoll um ihre Kinder kümmern, ohne sich dabei aufzuopfern. Mütter, die ermutigen, aber auch das richtige Gefühl dafür haben, wo und wie Grenzen zu setzen sind. Mütter, die Vertrauen geben und den geschlechterspezifischen Unterschied in der kindlichen Entwicklung kennen und diesem auch Rechnung tragen. Mütter, die wissen, dass Jungen eben Jungen sind und keine Mädchen. Mütter, die in der Lage sind, männliche Bedürfnisse zu verstehen und zu tolerieren, auch wenn es nicht immer die einfachste Sache der Welt ist, zu akzeptieren, dass Jungen auch »kämpfen« und »rivalisieren« müssen. Mütter, die es gut aushalten können, wenn der Sohn auch mal in Opposition geht, obwohl sich die Mama eigentlich Kooperation wünscht. Mütter, die den Autonomiedrang des hormongesteuerten pubertierenden Jungen als normal begreifen, sprich: Mütter, die typisch männliches Verhalten nicht mit Liebesentzug bestrafen. Mütter, die den Sohn nicht durch Ignorieren und ständige Vorwürfe in die Defensive treiben, weil sie doch eigentlich lieber ein Mädchen bekommen hätten.

Es gibt aber auch Mütter, die ganz entscheidend dazu beitragen, dass der Sohn ein Bild von der Frau entwickelt, welches Unbehagen oder gar Ängste auslöst. Diese Mütter sind sich oftmals ihres nachhaltigen Einflusses nicht bewusst.

Sämtliche Forschungsergebnisse – egal aus welcher Forschungsrichtung – dokumentieren eindeutig, dass die ersten Lebensmonate und -jahre fundamentale Bedeutung für unser Selbstbild und damit das eigene Bild von der Welt haben. Lieblosigkeit und erschreckende Erlebnisse können die positive Entwicklung massiv stören.

Das Gehirn bildet im Reifungsprozess die Synapsen aus, die zum Überleben gebraucht werden. Unter Dauerstress werden entsprechend andere Synapsen gebildet als in einer grundsätzlich liebevollen Umgebung. Führungskräfte, die »Mutterliebe« bekamen und nicht unter »Muttermangel« litten, sind gemäß meiner Erfahrung ausgeglichener und »verträglicher«.

Nicht wenige Mütter sorgen unbewusst für frühen Stress, indem sie den Sohn nach ihrer eigenen (weiblichen) Vorstellung formen wollen. Sie kritisieren unermüdlich männliches Verhalten, sie wollen es förmlich ausradieren. Sie haben kaum Verständnis dafür, dass Jungen sich von Natur aus technischen Dingen zuwenden oder sich auch mal zurückziehen, wenn sie Probleme haben. Diese Mütter wollen ruhige und vernünftige Jungen haben, gehen mit ihnen zum Arzt und lassen ihnen Medikamente, meist Ritalin, verschreiben, wenn sie zu aktiv sind und der Bewegungsdrang sie überkommt. Sie glauben, dass das weibliche Verhalten das einzig Wahre sei, und verstärken nur dieses.

Das Drama beginnt und kann im Trauma enden. Speziell wenn es keinen Vater gibt oder der nicht in der Lage ist, einen guten männlichen Gegenpol zu bilden, etwa wenn er in den frühen Lebensjahren nur wenig präsent ist, was sehr häufig vorkommt. So erlebt der Junge – wie geschildert – in seiner unmittelbaren Umgebung nur Frauen. Er ist förmlich eingehüllt in eine feminine Welt.

Wenn ein Kind mit etwa zwei Jahren beginnt, sich aus der frühen Mutter-Kind-Beziehung zu lösen, bietet ein einfühlsamer Vater eine wichtige Beziehungsalternative – insbesondere dem Jungen, der zwischen Selbständigkeit und Verlustängsten hin- und hergerissen sein kann. Später ist der Vater als Identifikationsfigur für das Herausbilden der männlichen Identität von großer Bedeutung.

Chronischer Vatermangel führt dazu, dass die männliche Identifikationsfigur als Vorbild wegfällt. Positive Väterlichkeit hilft dem Kind (egal ob Sohn oder Tochter), unabhängiger zu werden, sich abzugrenzen und auch von der Mutter »loszukommen«, sich von ihren Wünschen und Bestätigungen unabhängiger zu machen.

Somit liegt auf der Hand, dass speziell alleinerziehende Mütter vielfältigen Belastungen und Konflikten ausgesetzt sind und es zu einer chronischen Überforderung bei der eher anstrengenden Erziehung eines Jungen kommen kann.

Sind Mütter darüber hinaus enttäuscht von ihren bisherigen Partnern, haben sie »Trennungsschlachten« erlebt, dann geben sie auch ihre Frustration über die Männer in vielen Fällen unbewusst an den Sohn weiter.

Das kann zu negativen und verallgemeinerten Aussagen über Männer führen, aber auch zu appellativen Botschaften, möglichst nicht so (wie der Vater) zu werden.

Der Sohn bekommt auf diese Weise ein verzerrtes Bild von Männlichkeit vermittelt, er ist irritiert und in Bezug auf die eigene Indentitätsentwicklung zunächst desorientiert. Kommt noch »Vaterterror« hinzu, sprich ein ab und zu auftauchender Vater, der überzogene Anforderungen an den Sohn formuliert oder ihn gar tyrannisiert, ist das Drama nahezu vorprogrammiert. Verhaltensstörungen sind die Folge, und mit hoher Wahrscheinlichkeit wird das spätere Frauenbild ganz maßgeblich davon beeinflusst.[*]

In einem Interview der *Süddeutschen Zeitung*[**] äußerte sich der Schauspieler Moritz Bleibtreu auf die Frage: »Wenn man ohne Vater aufwächst und die Mutter arbeitet: Wer sind die Vorbilder?«, sehr klar darüber, wie wichtig männliche Bezugspersonen in der Kindheit für einen Jungen sein können: »Mein Kindergärtner hat eine große Rolle gespielt. Ich bin mit zweieinhalb in die Kita

---

[*] Matthias Franz: Wenn der Vater fehlt. Website des Deutschen Instituts für Jugend und Gesellschaft: http://www.dijg.de/ehe-familie/forschung-kinder/vater-bezug/.

[**] Marten Rolff im Interview mit Moritz Bleibtreu: Über Helden. Süddeutsche Zeitung; 09.01.2016

gekommen und habe bis Ende der sechsten Klasse nach der Schule weiter dagesessen und gespielt. Und dieser Ausnahmepädagoge war sehr oft der Fixpunkt, den ich nicht hatte und der für Kinder so wichtig ist. Meinen Vater habe ich ja nur zweimal gesehen im Leben. Dieser Kindergärtner war einfach immer da. Bis heute. Ich musste ihn zwar teilen, aber das war okay. Ein riesiger Glücksfall. Ohne ihn hätte vieles auch echt scheiße ablaufen können.«

Die Gesellschaft der abwesenden Väter und der alleinerziehenden Mütter produziert jede Menge traumatisierte und gestörte Jungen. Ihre Traumata sind nicht so tiefsitzend, dass sie nicht lebensfähig wären, aber tief genug, damit Bindungsängste und unbewusste Aggressionen gegen Frauen entstehen können. Diese müssen keinesfalls immer in Gewalt münden. Auch der Rückzug in männliche Gefilde, mangelnde Bereitschaft zur verbalen Auseinandersetzung und später dann die Verteidigung des klassischen männlichen Raums – sprich die Arbeitswelt – gegen »eindringende Frauen« sind latente Formen von Aggression.

Nach der Mutter kommt die Erzieherin aus dem Hort. Wieder eine Frau, die diszipliniert. Bundesweit sind gerade einmal knapp fünf Prozent des pädagogischen Personals in Kindertagesstätten Männer.

Die Erzieherin aus dem Hort wird von der Kindergärtnerin abgelöst. Auch sie versucht, die Jungen, die in diesem Alter in der Regel deutlich unbequemer sind als die Mädchen, auf den »richtigen« und »folgsamen« Weg zu bringen. Damit ist jedoch noch nicht Schluss. In der Grundschule wartet die Grundschullehrerin, die alles daransetzt, die Jungen »in die Spur zu setzen«, die sie als die richtige betrachtet.

Mittlerweile hat sich der Begriff »Feminisierung« eingebürgert. Dabei werden praktisch nur Verhaltensweisen positiv verstärkt, die dem »typisch weiblichen Stereotyp« entsprechen. Das muss nicht unbedingt schlecht sein, aber wer widmet sich dem heranwachsenden Jungen, wenn ihn die »von Natur aus gegebenen« Impulse überkommen, wenn er sich nicht »weiblich« verhält?

Wenn der Knabe Glück hat, hat er einen präsenten Vater oder eine ihm wohlwollend zugewandte männliche Bezugsperson, ansonsten trifft er frühestens im Gymnasium den ersten Mann, der ihm etwas zu sagen hat, an dem er sich reiben kann und der eventuell sogar als Vorbild dienen könnte.

Psychologisch gesehen, bewirkt dieses Szenario folgende Dynamik: Damit Kinder ihre Gefühle richtig einordnen können, braucht es in den ersten Lebensjahren die sogenannte Gefühlsspiegelung durch die erwachsenen Bezugspersonen. Wenn ein Kind beispielsweise traurig ist, könnte ein Erwachsener die Traurigkeit aussprechen, sich mit dem Kind identifizieren und ihm eine tröstende Umarmung schenken.

Dieser Prozess der Gefühlsspiegelung kann aber auch scheitern: wenn der Erwachsene die Gefühle des Kindes nicht wahrnimmt, sie nicht kennt, sie völlig falsch interpretiert oder als unangemessen bezeichnet und sogar bestraft.

Aber was heißt das nun für die Gefühlswelt eines Jungen? Seine Gefühle werden von seinen Bezugspersonen nicht in dem Maß gespiegelt wie die der Mädchen. Warum? Weil die Bezugspersonen in den ersten Lebensjahren primär Frauen sind und daher viele typisch männliche Gefühlsregungen missinterpretieren oder als falsch bewerten. Oder gar im Sinn der Geschlechterstereotypien unbewusst übergehen. So gilt Ängstlichkeit bei Jungen oft als verpönt und wird entsprechend bei Jungen auch nicht gespiegelt. Auf diese Weise können Jungen viele ihrer eigenen Gefühle gar nicht als normal und zu ihrer eigenen Persönlichkeit zugehörig verinnerlichen.

In ihrem Buchklassiker *Das Erbe der Mütter*[*] verweist die Psychoanalytikerin und Soziologieprofessorin Nancy J. Chodorow darauf, dass aufgrund der Gleichgeschlechtlichkeit die Mütter sich mit den Töchtern enger verbunden fühlen. Daher seien sie deutlich besser in der Lage, empathisch auf sie einzugehen und ihre Gefühlsreaktionen adäquater zu beantworten.

Wer aber spiegelt die Gefühlsreaktionen der Jungen angemessen, wenn in den ersten Lebensjahren die Väter fehlen oder weit und breit kein Mann da ist, der sich ihrer annehmen könnte? Wo sind die modernen und selbstreflektierten Männer, die auch Traurigkeit, Ängste oder gar Hilflosigkeit spiegeln könnten? Es gibt sie viel zu selten …

Insofern überrascht es nicht, dass Männer oft keinen Zugang zu ihren Gefühlen finden. Sie glauben, dass das, was sie empfinden, nicht in Ordnung ist. Das erlebe ich als Therapeut andauernd: Ich erlebe Männer, egal in welcher Funktion, die leiden, aber kaum mehr leben, weil sie nur sehr schwer über das sprechen können, was sie wirklich bewegt.

So herrscht in der männlichen Welt oft Schweigen, bis es zum Knall kommt. Dieses Phänomen hat der amerikanische Psychologe Michael E. Addis in seinem Buch *Wo bist du Mann?*[**] erforscht und umfassend beschrieben:

---

[*]   Nancy Chodorow: Das Erbe der Mütter. Psychoanalyse und Soziologie der Geschlechter; 1994

[**]   Michael E. Addis: Wo bist du Mann? Über das Schweigen der Männer und ihre verborgene Innenwelt; 2012

Frühestens nach dem Burn-out oder dem Herzinfarkt bröckelt die Fassade.

Zurück zu den Müttern, diesen überaus einflussreichen Personen. Verhält sich die Mutter in irgendeiner Form »übergriffig« und konfrontiert den Jungen mit Anforderungen, die seine Fähigkeiten übersteigen, oder benutzt sie ihn als männliche Projektionsfläche für unerfüllte Beziehungswünsche, ist es um den jungen Mann geschehen: Er ist durch die Mutter »traumatisiert«. Unter Umständen mit solch immensen Nachwirkungen, dass es alle seine späteren Beziehungen zu Frauen massiv beeinflusst. Es ist meist kein so schwerwiegendes Trauma, dass es ihn in seinem Alltag beeinträchtigt, aber doch so intensiv, dass es zur Beziehungsunfähigkeit beitragen kann.

Und damit bin ich bei einem zentralen Aspekt: Hat er dann auch noch eine weibliche Vorgesetzte, die ihm per Funktion Tätigkeiten oder Aufgaben überträgt und seine Leistung bewertet, dreht er innerlich durch.

Dieses »Mama-Trauma« wird unter Männern selten thematisiert, und wenn, dann nur ironisch. Welcher Mann mag schon gegenüber anderen Männern zugeben, dass er unter seiner Mutter gelitten hat? Da würde er doch nur Wörter wie »Softie« oder »Waschlappen«, heute »Weichei«, ernten.

Erst im beratenden oder therapeutischen Kontext besteht eine Chance, der enormen Bedeutung der Mutter wieder Raum zu geben. Ich habe bisher nur wenige »Männersitzungen« erlebt, in denen die Mutter des Klienten nicht zum zentralen Gesprächsthema wurde. Von »Mutterterror« ist da oft die Rede. Hass und Aggression gegenüber der Mutter, Enttäuschung und Trauer über den (abwesenden und damit wenig schützenden, geschweige denn vorbildhaften) Vater kommen in diesen Fällen ungefiltert an die Oberfläche. Topführungskräfte, die sich bewusst werden, welchen starken Einfluss die Mutter auf ihr aktuelles Beziehungs- und Führungserleben hat, sind in meinen Therapiegesprächen keine Ausnahme.

Herr P. ist Psychologe. Er arbeitet jedoch nicht therapeutisch oder beratend, sondern als Personalleiter eines großen international agierenden Unternehmens. Er berichtet an den Bereichsvorstand und leitet in direkter Linie sieben Führungskräfte. Verantwortlich ist er für insgesamt zweiundvierzig Mitarbeiter.

Er ist groß, zweiundfünfzig Jahre alt und geschieden. Er wirkt trotz seines legeren Kleidungsstils (Jeans und dunkelblau kariertes Hemd, auffallend blonde Haare) relativ verhärmt und verbissen. Die ausladende Kiefermuskulatur und die tiefen Mundwinkelfalten, aber auch der Kurzhaarschnitt verstärken diesen angespannten Eindruck.

Nachdem er seine aktuelle berufliche Situation geschildert hat (er wünscht sich eine psychologische Begleitung für eine anstehende Umstrukturierung, die ihm sehr im Magen liegt), spricht er eher beiläufig über Magen- und Verdauungsprobleme, aber auch über chronische Kopfschmerzen. Er habe bereits viele Fachärzte abgeklappert, die jedoch alle nichts Organisches hätten diagnostizieren können. Auf die Frage, seit wann er die Beschwerden habe, antwortet er nur lakonisch: »Na, ... seit einigen Monaten halt.«

Bei meiner genaueren Nachfrage, ob sich irgendetwas für ihn seit dem ersten Auftreten der Probleme geändert habe, gibt er nur die offizielle Bekanntgabe der Umstrukturierung an. Erst als ich insistiere, erwähnt er, dass er im Rah-

men dieser unternehmensinternen Veränderungen zum ersten Mal im Leben eine Chefin bekomme. Diese komme von einer branchenfremden Firma und sei etwa achtundvierzig Jahre alt, halb Deutsche, halb Italienerin. »Das ist wirklich eine gnadenlose Karrierefrau. Sie müssen sich nur mal ihr Profil auf Facebook anschauen. Die ist vernetzt über den gesamten Globus! Das kann einem ganz schön Angst machen.« Das waren die letzten Worte von Herr P. am Ende der erste Stunde.

Ein erfolgreicher und geschätzter Psychologe, über fünfzig Jahre alt, seit langem im Unternehmen, hat Angst vor einer Chefin, die von einer anderen Firma kommt – warum? Das war die Frage, die mir anschließend durch den Kopf ging, und ich beschloss, ihn beim nächsten Mal nach seiner Mutter zu fragen.

Erst weigerte er sich, nahezu trotzig: »Ich will nicht über meine Mutter reden!« Ich ließ ihm ein wenig Zeit, hakte dann aber nach, weil ich spürte, dass es für ihn irgendwie relevant sein könnte. Und so hörte ich eine Geschichte, die auf tragische Weise illustriert, wie schwierig es für Mütter ist, die gegengeschlechtlichen Gefühle zu respektieren.

Seine Mutter war im Alter von achtundvierzig Jahren an Brustkrebs erkrankt und operiert worden. Eine Brust wurde ihr dabei entfernt. Herr P. war zu diesem Zeitpunkt elf Jahre alt. Die ältere Schwester war bereits zum Studium nach Heidelberg gezogen, der Vater als Vertreter sehr viel unterwegs. Seine Mutter – vermutlich in ihrer Not des Alleinseins – verlangte von dem am Anfang der Pubertät stehenden Jungen, dass er ihr die Brust mit einer Heilsalbe einrieb, damit die Operationsnarben besser verheilen würden. Wenn er es nicht tun würde, so ihre Botschaft, müsste sie am wieder ausbrechenden Krebs sterben.

Er musste etwas tun, was er nicht wollte. Ihm wurde Angst eingejagt. Die nötige körperliche Distanz zum gegengeschlechtlichen Sohn wurde von dieser Mutter vollkommen missachtet. Es wurde eine Intimität hergestellt, die nicht angebracht war und gegen die er sich nicht wehren konnte. Er wurde angesichts seines Alters hoffnungslos überfordert. Naheliegend, dass bei ihm ein Trauma zurückblieb.

Später schwor er sich – ein Kompensationsmechanismus –, dass er sich nie mehr von einer Frau etwas sagen lassen würde. Seine Ehe scheiterte, er fühlte sich in seiner Autonomie beschnitten und unter Druck gesetzt. Alle weiteren Beziehungen beendete er nach kurzer Zeit und zog es vor, allein zu leben. Als seine Mutter starb, fühlte er sich von der zwanzig Jahre älteren Schwester bevormundet. Und jetzt sollte er eine Chefin bekommen!

Wir Psychologen sprechen in solchen Fällen von einer Generalisierung: Die Erfahrungen mit einer Frau werden auf alle Frauen übertragen! Es ist ein verhältnismäßig primitiver, aber wirkungsvoller Schutzmechanismus der Psyche, um sich vor Situationen zu schützen, die schon einmal sehr unangenehm oder gar hochgefährlich waren. Nach dem altbekannten Motto: »Ein gebranntes Kind scheut das Feuer.«

Generalisierungen sind psychologisch bedeutsam, da sie es erschweren, neue oder andere Erfahrungen zuzulassen. So bleiben Reaktionen und daraus folgende Verhaltensmuster (oftmals entstanden in Situationen subjektiv erlebter Bedrohung) stabil, obwohl die aktuelle Situation de facto längst eine andere ist. Herr P. war schließlich schon erwachsen, zweiundfünfzig Jahre alt und Psychologe noch dazu, aber er konnte sich nicht von seinen jugendlichen Erfahrungen lösen und hatte

Angst vor einer weiblichen Führungskraft! Er befürchtete aufgrund seiner generalisierten Angst, dass diese Chefin etwas von ihm verlangen würde, wozu er nicht fähig wäre.

Je mehr Frauen es in Managementfunktionen geben wird, desto wichtiger ist es, die männliche »Muttersituation« der Geführten zu betrachten, um verstehen zu können, weshalb Männer sich weigern, Frauen in dieser Funktion zu akzeptieren, und oft in die verdeckte Verweigerungshaltung verfallen.

Da es seit ewigen Zeiten die Norm ist, dass Männer Frauen führen, haben unzählige Frauen zwischenzeitlich ihr »Vaterthema« (oftmals ein Unterordnungs- oder Bewunderungsthema) vermutlich schon bearbeitet. Bei Männern, die von Frauen geführt werden, stehen wir erst am Anfang. Es ist noch neu, es ist noch ungewohnt für die Männerwelt, von einer Frau geführt zu werden.

Genauso ist es für führende Frauen noch Neuland, sich mit der Psyche des männlichen Mitarbeiters auseinanderzusetzen.

Viele Managerinnen glauben das Thema umschiffen zu können, indem sie sich in ihr näheres Umfeld ausschließlich weibliches Personal holen. Meine Erfahrung jedoch zeigt, dass heterogene Teams die angenehmere Atmosphäre entwickeln und leistungsfördernder sind als geschlechtlich homogene Gruppen. Das setzt aber voraus, ein tieferes Verständnis für die Besonderheiten der unterschiedlichen Geschlechter zu entwickeln.

Wenn Mütter ihre Söhne nicht »loslassen« können, diese mit über dreißig Jahren noch immer bei Mama wohnen und die Mütter den (oftmals) einzigen Sohn als »Mann ihres Lebens« bezeichnen, können auch dependente Muster entstehen. Die Söhne wollen eigentlich weg und ihr eigenes »Ding« machen, fühlen sich jedoch von der Mutter abhängig und ihr verpflichtet und vollziehen diesen wichtigen Schritt nicht. Gehen sie eine partnerschaftliche Beziehung ein oder bekommen sie eine Chefin, sind sie hin- und hergerissen zwischen Abhängigkeit und dem Drang davonzulaufen.

Diese Mütter verursachen wahrscheinlich kein Trauma, aber zumindest eine handfeste Beziehungsstörung bei diesen Männern. Sie handeln sicher im festen Glauben, das Beste für ihr Kind zu wollen, sind sich aber nicht klar darüber, dass der Sohn kein Ersatzpartner ist. Wenn sich ein anwesender Vater – oder der abwesende wegen seines schlechten Gewissens gegenüber der Partnerin – hier nicht durchsetzt, trägt er zu dieser Problematik bei.

Was ist, wenn so ein Mann plötzlich eine Chefin bekommt? Betrachtet er sie als Ersatzmama?

Wie überaus verzwickt es sein kann ein (richtiger) Mann zu werden, schildert Michael Kumpfmüller in seinem Roman *Die Erziehung des Mannes*.[*] Weil sein Protagonist nicht so tyrannisch werden will wie sein Vater, lässt er sich selbst zum Spielball der Frauen werden. Substanzlos und indifferent schlingert er dahin. Er wird zu einem Mann ohne adäquates Männlichkeitsbild und scheitert in fast allen seinen Beziehungen. Am Ende kommt er jedoch zu einer Erkenntnis, die er an seine erwachsene Tochter weitergibt, als er sieht, wie sie mit ihrem Freund umgeht: »Lass ihn zwischendurch kurz Atem holen, er erstickt, wenn du ihn so belagerst, kann er nur weglaufen.«

Für Eltern ist es wichtig, den Schmerz des sogenann-

[*] Michael Kumpfmüller: Die Erziehung des Mannes; 2016

ten Empty-Nest-Syndroms auszuhalten. Wenn die Kinder, die Söhne und Töchter, zum richtigen Zeitpunkt von zu Hause ausziehen, fördert es den Reifeprozess.[*] Damit steigt die Wahrscheinlichkeit, dass eine Chefin einen Mitarbeiter bekommt, der auch auf eigenen Beinen stehen kann und nicht weiter bemuttert werden möchte.

[*] Titus Arnu: Ausgeflogen. Süddeutsche Zeitung; 01./02.08.2015

Wenn Psychopathen als Vorbilder gelten

Es ist besser, den Wolf der Herde fernzuhalten,
als sich darauf zu verlassen, ihm die Zähne zu ziehen und die
Klauen zu beschneiden, nachdem er in sie eingefallen ist.

Thomas Jefferson, 1743–1826,
ehemaliger US-Präsident

Bei der psychopathischen Persönlichkeitsstörung, auch Soziopathie genannt, handelt es sich – psychiatrisch und psychotherapeutisch gesehen – um eine schwerwiegende und in ihren Auswirkungen für die Mitmenschen zum Teil höchstgefährliche Erkrankung.

Schlimmer als narzisstische Chefs, die sich durch Machtstreben, Anspruchshaltung und Gefallsucht »auszeichnen«, sind nur noch psychopathische Chefs. Denn die sind von einer elementaren Gier erfasst und durch Egozentrik, Gefühlskälte und einen Mangel an Gewissen gekennzeichnet. Sie verhalten sich skrupellos und hochgradig manipulativ. Ihre Impulse haben sie nur bedingt im Griff. Gleichzeitig können sie auch einen berechnenden Charme an den Tag legen und ihre eigentlichen Tendenzen hinter einer Maske der Jovialität verbergen. Dennoch stellen sie immer die Befriedigung ihrer Bedürfnisse in den Vordergrund und benutzen andere ausschließlich zum Aufbau ihrer Macht.

Viele Gefängnisinsassen sind schwerwiegende Psychopathen. Man spricht von bis zu fünfundzwanzig Prozent. Wie bei jeder Erkrankung gibt es jedoch unterschiedliche Schweregrade, was bedeutet: Nicht alle Psychopathen sitzen im Knast; mehrere Studien sprechen davon, dass der Anteil an Psychopathen im Topmanagement etwa zehn Prozent beträgt, so Robert D. Hare.[*] CEOs weisen angeblich die höchste Rate auf. Der Psychopath duldet keine Widersacher. Er schaltet sie zuverlässig aus, egal ob Frau oder Mann.

Wenn dann Bücher wie *Psychopathen. Was man von Heiligen, Anwälten und Serienmördern lernen kann*[**] erfolgreich werden, beginne ich am psychischen Gesamtzustand unserer Gesellschaft zu zweifeln. Ich halte es für hoch problematisch, wenn psychopathische Rücksichtslosigkeit und narzisstische Show das Leben so maßgeblich bestimmen.

In diesem Kontext erinnere mich an einen äußerst interessanten, aber auch desillusionierenden Beratungsauftrag in einem großen deutschen Unternehmen.

Im Vorgespräch mit dem Geschäftsführer beschlich mich schon die leise Ahnung, dass er in die Kategorie »Psychopath« fallen könnte. Dennoch ließ ich mich – leider, wie sich später herausstellte – auf den Auftrag ein, und wir besprachen das Konzept. Es beinhaltete auch eine Befragung seiner direkt an ihn berichtenden Führungskräfte.
Wie zu erwarten, fiel diese Rückmeldung – weil anonym durchgeführt – nicht so grandios aus, wie es sich der Geschäftsführer vorgestellt hatte. Was war die Konsequenz? Er wollte, dass ich die Daten vor der Präsentation zu seinen Gunsten modifizieren sollte, sprich, er verlangte eine Fälschung der Daten von mir. Dabei versuchte er mich

[*]   Robert D. Hare: Gewissenlos. Psychopathen unter uns; 2005
[**] Kevin Dutton: Psychopathen. Was man von Heiligen, Anwälten und Serienmördern lernen kann; 2013

*subtil unter Druck zu setzen – mit dem Hinweis auf
mögliche weitere Beratungsaufträge.*

*Ich blieb klar, standhaft und korrekt und stellte die Er-
gebnisse so vor, wie sie waren. Die Folge: Es war natürlich mein letzter Beratungsauftrag für seine Institution.
Er sprach nach dieser Veranstaltung kein Wort mehr mit
mir. Er ignorierte mich völlig.*

*Das Skurrile an dieser eigentlich tragischen Geschichte
ist, dass ich ihn einige Jahre später zufällig am Flughafen
in München wiedertraf. Ich erkannte ihn, hielt mich auf
Distanz und beobachtete ihn ein wenig aus der Ferne. Im
Flugzeug sah ich ihn – so verrückt es klingen mag – das
zitierte Buch über die Psychopathen lesen. Paradox, aber
wahr! Ein Psychopath, der offensichtlich sein psychopa-
thisches Verhaltensrepertoire zu erweitern suchte.*

Solche Typen entscheiden, solche Typen sind in den Medien präsent und werden als Vorbilder der Öffentlichkeit
präsentiert. Sie fungieren als männliche Trendsetter. Ihr
Verhalten gilt zunehmend als »normal«, sogar als erstre-
benswert.

Insbesondere für junge heranwachsende männliche
Führungskräfte ist das eine Katastrophe. Vielleicht selbst
ohne Vater aufgewachsen, nehmen sie häufig diese rücksichtslosen Verhaltensweisen an, weil sie sehen, dass man
damit ganz nach oben kommen kann. Es gibt viel zu wenige männliche Korrektive, die einen Stil verkörpern, der
die Führungsaufgabe als ein kraftvolles Einsetzen für
eine Aufgabe sieht und die daran beteiligten Menschen in
den Mittelpunkt stellt.

In dieser psychopathischen Welt haben Frauen keine
Chance. Durch ihre Fähigkeit zum Mitgefühl und die
Bereitschaft zur Kooperation sind sie gegenüber einem
männlichen Psychopathen völlig hilflos. Die Frauen er-

kennen, was läuft, sind schockiert und verlassen oft das Feld oder ordnen sich im Dunstkreis unter. Sie geben in der Regel auf!

Wenn Frauen in Führungsfunktionen aufsteigen wollen, müssen sie jedoch bereit sein, das psychopathische Spiel zu enttarnen und den Psychopathen aus dem Feld zu schlagen.

Das ist meines Erachtens eine der wichtigsten Hürden, die es zu nehmen gilt. Sie müssen erkennen, dass es in der Männerwelt diese Typen tatsächlich gibt. Zum Glück, so die Statistik, kommen auf hundert Männer nur etwa drei Prozent mit eindeutigen psychopathischen Symptomen.

Das Schlimmste, was Frauen passieren kann, ist der Versuch, das Verhalten der Psychopathen zu imitieren, um sich den Weg nach oben zu ebnen. Damit geben sie ihre ureigenen weiblichen Qualitäten völlig auf, werden »Super-Alphafrauen« und von allen nur gemieden.

Der bipolare Blick des Mannes auf die Frau: »Göttin oder Hexe«

Je menschheitlicher ein Volk,
je größer die Huldigung des weiblichen Geschlechts.

Friedrich Ludwig Jahn, 1778–1852,
Pädagoge, auch »Turnvater Jahn« genannt

»Ich mag mehr Männer als Frauen. Ich kann mich besser unterhalten mit ihnen. Bei Männern bin ich mehr Mann. Frauen sind für mich hexenhafte Wesen. Ich habe mehr Angst vor ihnen als vor Löwen oder Dinosauriern.« Diese Aussage stammt nicht etwa aus dem Mittelalter oder aus einem angestaubten alten Spielfilm über Männerfreundschaften, sondern sie ist aktuell. Diese Sätze stammen von dem Kolumnisten Franz Josef Wagner, dem Briefeschreiber der *Bild*-Zeitung, und ist Teil eines Interviews, das in der *Welt*[*] erschien. Es war die vieldeutige Antwort auf die einfache Frage: »Liebst du Männer mehr als Frauen?«

Sobald Frauen erfolgreich werden oder es bereits sind, sind sie für Männer nicht mehr klar einzuordnen. Sie werden gefährlich, und der Mann hat Angst. Da kann man nur ein jahrtausendealtes Bild bemühen: Die Frauen sind schuld, weil sie Hexen sind. Wagner schrieb im Vorfeld des Interviews: »Was ist aus unseren Müttern geworden? Sie sind Business-Frauen. Sie trinken Smoothies. Sie laufen sich das Fett ab. Sie sind wie Männer.«

[*]   Dagmar von Taube im Interview mit Franz Josef Wagner: Das Hosenanzugsgeschlecht. Die Welt; 01.08.2015

Psychologisch gesehen ist diese Aussage hochinteressant. Offenbart sie doch den impliziten Hinweis, Frauen haben Mütter zu sein. Mehr nicht. Sie sollen bitte nicht ziel- oder karriereorientiert, geschäftstüchtig oder gar Chefin sein, denn dann erscheinen sie wie Männer und nicht mehr wie die geheimnisvollen, anbetungswürdigen Göttinnen, die zu erobern sich lohnt, vor allem als Mutter für den eigenen Nachwuchs.

Frauen sind Göttinnen, sind liebevolle Mütter, sind bewundernswerte Stars, sind eventuell noch die beste Freundin von Männern, aber bitte nicht Führungskräfte mit Macht und Einfluss.

Dann sind sie zu nah dran am ureigenen maskulinen Machtzentrum und stellen eine Bedrohung dar. Da bleibt nur noch eine abwertende Verniedlichung, wie zum Beispiel »das Mädchen« oder der ultimative Aufbau des abschreckenden Bildes der »dominanten Hexe« oder gar, mit sexistischem Tenor, »die machtgeile Schlampe«.

Gegenüber dem *Bild*-Kolumnisten von heute klingt ein Text des aufklärerischen Benediktinermönchs Benito Feijoo (1676–1764) geradezu topmodern. Er schrieb: In der Physis gebe es ebenso schwache Männer wie starke Frauen. In der Moral seien die weiblichen Tugenden von gleichem Wert wie die Tugenden der Männer. Und die »Verstandeskräfte besitzen dieselbe Fähigkeit für jegliche Art von Wissenschaften und für höchste Erkenntnisse«.[*]

Bereits am Anfang des Menschseins (wenn man den Aussagen der Bibel folgt) entstand eine hochtragische und weitreichende Polarität: der unschuldige Adam und die sündige Eva. Ein Bild, das über Jahrtausende hinweg zementiert wurde und in der Regel die Unterdrückung

[*] Frederike Hassauer: Spaniens erster Feminist. Die Zeit; 39/2015

der Frauen zur Folge hatte. Es führte zu einer Sichtweise, die sich auch heute noch in allzu vielen (Männer-) Köpfen wiederfindet. Frauen, die etwas wollen, gelten als Verführerinnen, als berechnend und unheimlich. Obwohl es – unvoreingenommen betrachtet – so einfach wäre, sie als zielstrebig, charmant und intelligent zu bezeichnen.

Die am Anfang der Menschheitsgeschichte entstandene Polarisierung bestimmt in vielen Staaten der Welt bis heute die traditionelle Vorstellung von der unreinen (sündigen) Frau, die beschnitten (in vielen Ländern Afrikas) oder als Bürger zweiter Klasse (vorwiegend in islamischen Staaten) gilt.

Damit bleiben Männerphantasien hinsichtlich der eigenen Allmacht und damit der Verfügungsgewalt über den persönlichen Besitz bestehen und können ausgelebt werden. Noch schlimmer: Sie werden sogar in jüngster Zeit von solch gefährlich absurden Organisationen wie dem sogenannten Islamischen Staat reaktiviert und genährt, der dem aufopferungsvollen Terrorkämpfer (dem männlichen Helden) Jungfrauen im Jenseits und Sexsklavinnen im Diesseits verspricht. Hier und jetzt, im 21. Jahrhundert.

»Traditionelle Kulturen nehmen nicht nur eine Dichotomisierung nach Art der Abbildung vor, sie setzen ihre Mitglieder auch – bald rigoros und autoritär wie im islamischen Fundamentalismus, bald unbewusst ermunternd – dem Zwang aus, ein typisch weibliches oder männliches Verhalten an den Tag zu legen.«[*]

Im Extremfall diffundieren diese Ansichten wieder in andere Kulturen, die sich von solchen mittelalterlich an-

---

[*] Archaische Frauenbilder sind die fatale Folge. In den Internet-Communitys können diese frauenfeindlichen Weltbilder stilisiert und weitergelebt werden.

mutenden Bildern schon befreit hatten. Sexuelle Übergriffe als Ausdruck von Gewalt, wie in der Silvesternacht 2015 in Köln und anderen deutschen Städten, sind eine brandgefährliche Mischung. Frauen bekommen Angst und fühlen sich wieder ausgesetzt und machtlos, wie über Jahrtausende hinweg. Sexuelle Deprivation über längere Dauer führt bei Männern zu Obsessionen oder gar verzerrten Wahrnehmungen der Welt. Gibt die Religion aufgrund ihres Frauenbildes auch noch die »offizielle« Erlaubnis, diese abzureagieren, gleicht es einem Dammbruch.

Ein Höhepunkt der Frauenunterdrückung in der Geschichte Europas waren die sogenannten Hexenverfolgungen. Sie trugen wahnhafte Züge und führten zu unvorstellbaren Grausamkeiten, die zum Teil öffentlich vollzogen wurden, natürlich mit dem Ziel der Einschüchterung. Fünfundsiebzig Prozent der Getöteten waren Frauen!

Die These vom Genozid an Frauen ist zwar aufgrund der »geringen« Opferzahlen (wohl bis zu sechzigtausend) verworfen worden, und der gängige Erklärungsansatz der Historiker sieht die Hexenjagd als typische Folge konfessioneller Spaltungen.

Das mag sein. Aber ich vermute, dass es auch ganz gezielt gegen starke (aus Sicht der Kirche aufmüpfige, zu selbstbewusste, nicht konform agierende) und weise Frauen ging, die insbesondere der männlich dominierten Kirchenwelt ein Dorn im Auge waren. Die nicht ausgelebte Sexualität der Kirchenväter, bedingt durch die Absurdität des Zölibats, führte schon damals zu Missbrauch. Grausamkeit und Gewalt als Kompensation für nicht ausgelebte Triebe oder die Unfähigkeit, mit eigenen Ängsten umzugehen?

Die Religion (welcher Richtung auch immer) taugte

schon von jeher als Begründung für die tief im männlichen Hirn lokalisierten aggressiven Impulse, die insbesondere bei Frustration schnell unter dem legitimierenden Deckmantel des Glaubens aktiviert werden. Beispiele aus der jüngeren Gegenwart gibt es zur Genüge.

Die männlichen Exzesse liegen teilweise in der Natur der männlichen Konstitution begründet. Aber wie bereits dargestellt, spielen Sozialisationsfaktoren ebenso eine wichtige Rolle. Hinter der aus meiner Sicht zerbrechlichen »Fassade« der Männlichkeit stecken oftmals tief im Unbewussten verborgene – jedoch durchaus nachvollziehbare – Ängste. Die Angst ist eine Kraft, die Positives bewirken kann (Schutzsuche, Sicherheit und vieles mehr). Sie kann jedoch, wenn sie nicht bewusst gemacht und reflektiert wird, großen Schaden anrichten. Zum Beispiel fähige Menschen, fähige Frauen von gewissen Funktionen ausgrenzen.

Nicht immer ist der böse Wille der Grund, sondern die Angst. Die unbewussten Ängste der Männer und ihre Kompensationsmechanismen sind die wesentlichen Verhinderer des Aufstiegs von Frauen in der beruflichen Welt, insbesondere für die Chefsessel.

Die großen Männerängste

Wir sehen die Dinge nicht, wie sie sind,
wir sehen sie so, wie wir sind.

Anaïs Nin, 1903–1977,
Schriftstellerin

Wenn wir die Bedeutung der skizzierten typisch männlichen Kompensationsmechanismen für die Gesellschaft und das Führungsverhalten verstehen wollen, führt kein Weg daran vorbei, sich mit den zugrundeliegenden spezifischen Ängsten der Männer auseinanderzusetzen. Das Sozialisationsprogramm »Ein richtiger Mann kennt keine Angst« ist nach wie vor die dicke Hülle, die über eine Vielzahl von männlichen Bedürfnissen gestülpt wird und ihr Verhalten maßgeblich bestimmt. Die (gefährlichen) Resultate sind überall sichtbar. Männer, die ihre erlebten Kränkungen, Demütigungen und Ängste nicht reflektieren und emotional verarbeiten können, haben ein deutlich erhöhtes Risiko, racheorientiert gewalttätig und zerstörerisch zu handeln oder Hass zu säen.

Als Berater und Therapeut erlebe ich es jedoch praktisch täglich, wie es aussieht, wenn die Hülle Löcher bekommt oder gar weggezogen wird. Dann zeigen sich Verletzlichkeiten, Wünsche, Ängste, und der Mann wird zum »verstehbaren Wesen« mit einem deutbaren »emotionalen Gesicht«.

Wenn Frauen nun Männer führen und nicht die gleichen Fehler begehen wollen, die Männer im Lauf der Geschichte zuhauf begangen haben und heute immer noch begehen, sollten sie die Ängste des Mannes zum

Thema ihrer Überlegungen machen. Sie müssen sie nicht tolerieren oder akzeptieren, sollten aber versuchen, die Dynamik und die Energie, die dahintersteckt, nachzuvollziehen. So bekommen sie auch plausible Erklärungen dafür, weshalb sich Männer oft unbewusst gegen eine weibliche Führung wehren.

An die Männer hingegen kann ich nur appellieren, sich mit ihren eigenen Ängsten zu konfrontieren. Es wird schmerzhaft sein, aber es trägt dazu bei, eine Führungskultur zu entwickeln, die authentisch ist und keine »blendende und aggressive Machofassade« darstellt. Nur die Begegnung mit dem eigenen (meist verzerrten) Bild der Wirklichkeit hilft, neue Wege zu finden.

Natürlich sind die nachfolgend beschriebenen Ängste auch bei Frauen zu finden, nach meiner Erfahrung jedoch nicht in dieser Intensität. Deshalb vereinfache ich ein wenig und nenne sie spezifische Männerängste. Dabei muss immer im Blick bleiben, dass Männer gemäß ihrem Sozialisationsprogramm diese Ängste in der Regel vehement von sich weisen, jedoch auf Schritt und Tritt von ihnen begleitet werden. Bei der nachfolgenden Beschreibung habe ich mich außer an meinen eigenen Erfahrungen an den beiden bereits erwähnten »Männertherapie-erfahrenen« Kollegen Björn Süfke und Michael E. Addis orientiert.

Die Leserinnen, die nun bald ironisch seufzen werden: »Meine Güte, die armen Männer …«, möchte ich auffordern, die doch – vielleicht überraschend – lange Liste der männlichen Ängste nicht leichthin abzutun, sondern sich der Tatsache zu stellen, dass genau diese grundlegenden männlichen Ängste ihren eigenen Aufstieg verhindern können.

Die Angst vor Bedeutungslosigkeit
(Anerkennungsverlust)

Männer leiden an einer grundlegenden Angst, »Bedeutung« zu verlieren. Deshalb tun sie alles, um in Erscheinung zu treten. Vermutlich stark mobilisiert durch das »Balz-Gen«, müssen Männer immerzu beweisen, dass sie etwas Besonderes sind. Sie brauchen die Anerkennung wie die Luft zum Atmen. Sie wollen imponieren. Sie wollen gefallen, sie möchten als der »Auserwählte«, der »Beste« gelten. Deshalb strengen sie sich an.

In der Arbeitswelt, speziell in Führungsfunktionen, ist die Anerkennung eine zentrale »Lustquelle« für den Mann. Die Gier nach Boni, nach größeren Verantwortungsbereichen, nach dem erfolgreichsten Deal münden nicht selten in Maßlosigkeit. Der eigene Wert wird definiert durch Statussymbole und den individuellen Bekanntheitsgrad, verbunden mit der Hoffnung, »Respektsbekundungen« zu erhalten.

Der soziale Status hat für Männer eine zentrale Bedeutung. Dazu zählen auch gute (Männer-)Netzwerke. Drohen diese angegriffen zu werden oder gar verlorenzugehen, ist die Männerseele in starker Unruhe.

Wenn Frauen nun mehrere Männer zu führen haben, verhalten sich diese zum Teil wie rivalisierende Jungen, die um die Gunst der Mutter buhlen. Ist die Chefin überdies attraktiv, sind die Herren der Schöpfung in ihren Aufmerksamkeit heischenden Aktionen oft nicht mehr zu bremsen. Dieses Verhalten kennen führende Frauen und tun es meistens als »albern« ab, weil sie nicht verstehen, wie die männliche Psyche tickt. Werten sie dieses Verhalten auch noch verbal ab, ist die Kränkung des Mannes perfekt. Er wollte doch nur gefallen und im sozialen Status ein wenig nach oben rücken.

Eine Chefin verändert nun mal die Psychodynamik im Team elementar. Damit sind viele Frauen in der Führungswelt überfordert. Wenn sie nicht adäquat, idealerweise weiblich galant und psychologisch klug, auf diese »Männernummern« reagieren, verspielen sie ihr Kapital und ernten Ablehnung. Verhalten sie sich geschickt, würden die Männer für sie alles tun, getrieben von dem tief verankerten (männlichen und menschlichen) Bedürfnis nach Anerkennung. Es ist gar nicht so schwer, den Beschützer im Mann zu aktivieren – zum Wohl aller Beteiligten.

Angst vor dem Verlust der Leistungsfähigkeit, dem Versagen und dem Kompetenzverlust

Die Bedeutung von »Leistung« für die männliche Identität sollte nicht unterschätzt werden. Männer wollen funktionieren, und zwar zuverlässig und gut, am besten wie eine Maschine. Das betrifft den eigenen Körper, aber auch den Beruf. Wenn etwas defekt ist, muss es ingenieurmäßig schnell repariert werden. Am besten das beschädigte Modul austauschen.

Wie oben schon beschrieben, ist die männliche Psyche anfällig für dichotomes Denken: geht oder geht nicht, schwarz oder weiß. Wenn etwas nicht reibungslos funktioniert, sieht der Mann seine Leistungsfähigkeit in Gefahr. Er steht nicht mehr gut da. Die unmittelbare Wiederherstellung der Leistungsfähigkeit ist für Männer das zentrale Ziel, wenn sie sich zum Arzt begeben oder eine Beratung aufsuchen. Nicht ohne Grund sind gerade Männer im Krankheitsfall sehr unleidlich. Davon können Frauen ein Lied singen.

Wer ausfällt, ist schwach und kein Held! Er ist weg vom Fenster, die Rivalen können das Feld übernehmen.

Allein der Gedanke, dass das Hauptfeld der Leistungserbringung, sprich die Arbeit, wegfallen könnte, ist für Männer in höchstem Maß angsteinflößend. Der Raum, in dem er Selbstbestätigung bekommt, in dem er etwas bewirkt, ist für viele Männer ein sogenannter Verstärker erster Güte. Verliert er seinen Arbeitsplatz, verliert er diesen Raum, dann kann es oft zu Depressionen, Alkoholmissbrauch, aber auch zu Gewaltausbrüchen gegen sich oder andere kommen.

Meines Erachtens ist es purer Selbstbetrug, wenn einundfünfzig Prozent der Männer in einer Befragung des Statistischen Bundesamtes von 2015 angeben, sie würden zugunsten ihrer Partnerin auf eine Karriere verzichten und den Haushalt schmeißen. Das ist die reine Theorie, motiviert durch den Drang zur sozialen Erwünschtheit. Der moderne Mann glaubt, das sagen zu müssen, sitzt dann aber weinend in den Therapiestunden. Hier macht er sich nichts mehr vor, sondern verzweifelt an den Anforderungen der »neuen Männlichkeit«.

Eine meiner Interviewpartnerinnen brachte es mit folgenden Worten – durchaus kritisch – auf den Punkt: »Wie fühlt sich wohl der Mann, wenn seine Frau die Macherin, die Erfolgreiche, die Geschäftsführerin ist? Und wenn er ergänzend ein Zitat von Sheryl Sandberg (Chefin von Facebook) zu hören bekommt, das da lautet: Die wichtigste Karriereentscheidung, die eine Frau treffen kann, ist, wen sie heiratet. Ich kann es Ihnen sagen: Er ist höchst irritiert!« Sich in irgendeiner Hinsicht inkompetent zu fühlen, verstößt gegen eine der Grundregeln traditioneller Männlichkeit: »Du musst immer wissen, was du tust, du musst es gut machen, und du musst es durchziehen, wie man es von dir erwartet!«[*]

***

[*] Ronald F. Levant, William S. Pollack: A New Psychology of Men; 2003

Mit solchen Botschaften wachsen Männer auf. Ein Problem nicht lösen zu können, einer einzigen Anforderung nicht gewachsen zu sein bedeutet nach wie vor für viele Männer, »es nicht geschafft zu haben«. Ein Großteil der männlichen sexuellen Probleme kann mit dieser Versagensangst erklärt werden. Der Druck, der damit verbunden ist, grenzt an Selbstquälerei. »Seinen Mann nicht mehr stehen zu können« ist das Damoklesschwert, das über vielen männlichen Köpfen schwebt.

Männer tüfteln, konstruieren und sind aktiv, um Probleme zu lösen. Für Männer sind Probleme eher ein technisches Phänomen. Das liegt auch an der Ausrichtung des männlichen Gehirns auf Objekte, Systematisierung wie auch Kategorisierung.[*]

Klappt das Problemlösen nicht und werden sie dafür eventuell auch noch öffentlich (von den Vorgesetzten) kritisiert, ist die Schmach vorprogrammiert, und der Rückzug wird eingeleitet. Trotzverhalten im Sinn einer demonstrativen Passivität – »Dann mache ich eben gar nichts mehr!« – sind Kompensationsmechanismen, um die Enttäuschung über sich selbst irgendwie »beherrschbar« zu machen. Männer, die sich verschließen, Mitarbeiter, die sich von der Chefin zurückziehen, schämen sich häufig nur, weil sie ein Problem nicht gelöst haben. Sie ziehen sich nicht zurück, weil sie eine Chefin haben. Es muss nichts mit der hierarchischen Beziehung zu tun haben, wie viele Chefinnen – aufgrund der stärkeren weiblichen Beziehungsorientierung – vorschnell vermuten.

---

[*] Simon Baron-Cohen: Vom ersten Tag an anders; 2004

Angst vor Hilflosigkeit und Demütigungen

Gelingt es Männern nicht, die an sie – tatsächlich oder vermeintlich – gestellten Anforderungen zu erfüllen, kommt es zu einem Zustand der Hilflosigkeit. Ein Zustand, den der Mann aber tunlichst vermeiden möchte. Die Angst davor, hilflos zu sein, ist so groß und schmerzhaft, dass der Mann lieber »so tut, als ob«: als ob er alles im Griff hätte, alles in Ordnung wäre.

Dieses Vermeidungsverhalten ist sehr oft bei männlichen Politikern oder Funktionären zu beobachten. Es wird ein Schein aufgebaut, es wird vermieden zuzugeben, dass man nicht mehr weiterweiß. Fehlentscheidungen und Vertuschungen sind die Konsequenz. Pseudowelten werden aufgebaut, um zu vermeiden, dass jemand die Hilflosigkeit erkennen könnte. Die Flucht in den blinden Aktionismus ist eine gängige Methode, um abzulenken, frei nach der Devise: »Solange man noch aktiv ist, ist noch nichts verloren.«

Ist die Hilflosigkeit nicht mehr zu verbergen, fühlt sich der Mann gedemütigt, und dies wiederum ist mit intensiven Schamgefühlen verbunden. Das wiederum führt nicht selten dazu, dass »Rachefeldzüge« unternommen werden, um die erlittene »Demütigung« wieder wettzumachen. Auch der Selbstmord gilt bei Männern als »ehrenwerter Befreiungsschlag« im Fall einer tiefen Hilflosigkeit, weil sich Hilfe zu holen die totale Blamage wäre.

Diese Scham vor der Hilflosigkeit erlebe ich sehr häufig im Erstgespräch mit Managern. Der Chef, der nicht mehr weiterweiß, schaut in diesen Gesprächen meist niedergeschlagen zu Boden.

Ist Frauen in Führungspositionen diese massive Angst vor Hilflosigkeit bei Männern nicht klar und kennen sie die daraus resultierenden Kompensationsmechanismen nicht, sind Führungsfehler vorprogrammiert, sobald sie den Mann öffentlich – und das ist zu betonen: öffentlich – vorführen. Ein Gespräch unter vier Augen ist in solchen Fällen die einzige Option, um die männliche Seele nicht auch nur im Ansatz zu destabilisieren.

Die Angst vor Demütigungen hat eine nachvollziehbare Ursache: Der Mann erlebt im Verlauf seiner Sozialisation eine Menge an Demütigungen. Frauen geht es nicht anders, oft sind die Demütigungen noch viel schlimmer. Darauf gehe ich im zweiten Teil des Buchs ausführlich ein.

Männliche Demütigungen und ihre Bedeutung für die Führungskultur werden indes unterschätzt. In der Kindheit erlebte Demütigungen und die Angst davor, solche Situationen wieder erleben zu müssen, führen zu einer Vielzahl von Verhaltensweisen, die nicht nur bedenklich und unheilvoll für Mitmenschen und Mitarbeiter, sondern natürlich auch für sie selbst sein können.

Jungen erleben im Verlauf ihrer Kindheit eine Menge persönlicher Erniedrigungen. Neben den für alle Kinder typischen Situationen der Machtlosigkeit und Niederlage gibt es jedoch auch geschlechterspezifische Demütigungen.

Die männlichen Geschlechtsgenossen sind oft grausam, um die eigene Position zu sichern. Die Bedeutung des Rangplatzes in der männlichen Hierarchie ist sehr groß. So macht fast jeder Junge die Erfahrung, dass andere über ihm stehen, dass er verloren hat – egal wo, sei es beim Sport oder bei trivialen Spielchen wie »Weitpinkeln« oder Ähnlichem. Wer weiter unten steht, wird aufgezogen und verhöhnt. Spöttische Blicke oder abwertende Sprüche sind die milde Form. Verhöhnung die etwas schlimmere. Die Höchststrafe sind erniedrigende Rituale oder Tätigkeiten, die zu verrichten sind.

Damit Jungen irgendwie mit diesem »Terror« klarkommen, müssen sie diese Erniedrigungen verdrängen, aus ihrem Bewusstsein »abspalten«. Die Angst, dass es weitere, eventuell noch schlimmere Bloßstellungen geben könnte, bleibt jedoch bestehen. Mancher Junge gibt demütig auf, wird dann aber als »Loser« verachtet.

Die meisten kämpfen psychisch wie physisch, um irgendwann auch mal ganz oben zu stehen, weil man – so ihre innere Überzeugung – nur dann vor weiteren Demütigungen sicher ist. Um dieses Ziel zu erreichen, »rackern« sie unerschöpflich. Es spornt sie zu Höchstleistungen an, denn nur die oberste Stufe auf der Erfolgstreppe, die mit der »Nummer eins«, ist akzeptabel.

Auch das Bilden von Cliquen oder das Zusammenrotten zum Mob wird von Jungen oder jungen Männern praktiziert, um sich gegenüber anderen abzuheben. Innerhalb dieser Gemeinschaften besteht jedoch die Gefahr, als Feigling zu gelten, wenn man nicht mitmacht (auch wenn es um Gewalt geht). So stimuliert sich die Gruppe gegenseitig, und Männer tun in der Gruppe Dinge, die sie als Einzelner nie tun würden. Die Hemmschwelle sinkt, weil jeder den anderen übertrumpfen möchte, nur um nicht verachtet zu werden.

Wenn der Mann im Erwachsenenleben schließlich in der Hierarchie ganz oben angekommen ist und von einer Frau abgelöst werden könnte oder tatsächlich abgelöst wird, erlebt er das als große Schmach. Die Angst, gegen eine Frau zu verlieren, ist viel elementarer, als einem Mann »im Kampf unterlegen« zu sein.

Das sollten Frauen in Führungsfunktion wissen, wenn sie gegen Männer antreten, weil sie damit der männlichen Identität sehr nahetreten.

Angst vor Bedrohung
(speziell der männlichen Identität)

Aufgrund von tradierten Geschlechternormen lernen Männer nach wie vor, was es heißt, ein »richtiger Mann« zu sein. Der Mann hat seine Gefühle zu beherrschen, die Situation im Griff zu haben, Probleme rasch und selbständig zu lösen, alles zu vermeiden, was als »feminin« oder »schwul« gilt, und vor allem hat er finanziell erfolgreich zu sein. Die Risikobereitschaft ergänzt dieses Spektrum.

Damit entsteht ein starker psychischer Druck, sich als eindeutig männlich zu definieren. Wird diese Bastion der Männlichkeit nun in Frage gestellt oder gar angegriffen, muss sich der Mann verteidigen. Auch um von den Geschlechtsgenossen nicht abgelehnt zu werden. Drohstrategien sind dabei eine gängige Strategie.

Stellt der Mann seine männliche Sichtweise doch einmal in Frage und versucht sogar, die Perspektive der Frauen nachzuvollziehen, wird er schnell despektierlich als »Frauenversteher« klassifiziert. Übrigens eine Bewertung, die ich als Psychologe schon in unzähligen Seminaren erhalten habe, nur weil ich als Seminarleiter bewusst versucht habe, eine »weibliche Perspektive« einzunehmen.

Die männliche Identität befindet sich heute im Wandel, was die Situation für die Männer nicht einfacher macht. Viele Männer sind tief verunsichert, weil sie massive intrapsychische Konflikte mit sich herumtragen. Wie viel Gefühl darf der Mann zeigen, ohne als »Weichei« hingestellt zu werden? Wie energisch muss der Mann sich durchsetzen, um erfolgreich zu sein, ohne dabei zum »Fiesling« zu mutieren? Der moderne Mann ist vor die Herausforderung einer Doppelrolle gestellt. Er soll attraktiv (Held), jedoch nicht zu »soft« (Versager), gleichzeitig fürsorglich (Beschützer) und natürlich empathisch (weiser Vater) sein.

Diese Ansprüche überfordern den Mann sowohl im privaten wie auch im beruflichen Leben. Die Unsicherheiten, die aus diesem Konflikt entstehen, machen den Mann indifferent, orientierungs- und letztendlich hilflos. Speziell im Verhalten gegenüber einer Chefin zeigen sich Unsicherheiten, die alle auf die eine Frage zurückzuführen sind: »Wie soll ich mich denn nun als Mann verhalten, was ist unterwürfig, und was gilt als partnerschaftlich und kooperativ?«

Angst vor Autonomieverlust

Männer haben tendenziell ein höheres Bedürfnis nach Autonomie als Frauen. Männer wollen ihr Ding machen dürfen. Sie brauchen ihren Raum und ihr »Hoheitsgebiet«. In dieses soll bitte niemand »hineinfunken«. Frauen hingegen haben ein höheres Bedürfnis nach Nähe. In unzähligen paartherapeutischen Gesprächen ist das das Grundthema vieler Probleme in der Partnerschaft: Autonomie versus Nähe. Er will mehr Distanz und Raum, sie mehr gemeinsame Zeit und Nähe.

Im Berufsleben von Führungskräften ist es ebenso. Der Mann – weil die Arbeit nach wie vor eine seiner Hauptdomänen ist – macht hier »sein Ding«. Er kann sich verwirklichen. Er kann etwas bewirken. Er kann seinen Raum gestalten, so wie er es für richtig hält. Jeder, der hier eindringt, wird potenziell als Widersacher, als Rivale erlebt. Dahinter steckt die immense Angst, die eigene Autonomie zu verlieren, wieder »bevormundet« zu werden und den eigenen Handlungsraum zu verlieren.

Männliche Widersacher kann man »ausschalten«. Das ist legitim, weil es die Konkurrenz unter Männern so vorsieht. Aber wie verteidigt man den beruflichen Raum gegen Frauen? Am besten, indem man sie gar nicht »eindringen« lässt in das eigene Hoheitsgebiet.

Ich halte diese Angst für eine sehr maßgebliche, weshalb sich Männer in Führungspositionen unbewusst gegen Frauen zur Wehr setzen. Sie haben elementare Ängste davor, vereinnahmt zu werden und ihre Autonomie zu verlieren. So zeigen Studienergebnisse, dass Männer ihr Selbstwertgefühl vor allem aus der Fähigkeit beziehen, ihre Unabhängigkeit zu bewahren.[*]

Angst vor Nähe

Daran schließt sich nahezu selbsterklärend die Angst vor Nähe an. Raum schafft Platz. Raum schafft Rückzugsmöglichkeit. Ist der Raum, nicht nur psychisch, sondern auch physisch nicht gegeben, werden Männer aggressiv. Verbal wie körperlich. Der Mann braucht Raum, das ahnen viele, aber wenigen ist wirklich bewusst, was das bedeutet.

Männer haben eine so tiefsitzende Angst vor Einengung, weil sie spüren, dass ihnen das auf Dauer nicht guttut. Sie werden unruhig und fangen dann an, um sich zu schlagen, mit Worten und mit Taten. Viele der aggressiven männlichen Eruptionen lassen sich damit erklären.

Da es Männern schwerer fällt als Frauen, ihre Gefühle zu offenbaren, wirken starke unbewusste Mechanismen. Bei zu großer Nähe ziehen sie sich zurück, quasi aus

[*] R. A. Josephs, H. R. Markus et al.: Gender and self-esteem. Journal of Personal and Social Psychology; 1992

Gründen des Selbstschutzes. Daraufhin fordert die Frau mehr Nähe, und der Mann zieht sich noch weiter zurück. Genau genommen nur, um seinen »Raum« zu verteidigen.

Frauen hingegen erleben diesen Rückzug als Ablehnung oder Desinteresse an ihrer Person oder der Partnerschaft insgesamt. Wollen Frauen möglichst professionell führen, sollten sie dieses Streben des Mannes nach Autonomie richtig einschätzen können.

Regiert eine Chefin unbeabsichtigt in das Hoheitsgebiet eines Mannes hinein, kann es sein, dass der sich angegriffen fühlt. Nicht selten höre ich von männlichen Mitarbeitern, dass sich die Chefin in alles einmische. Hier fühlt sich der Mann vereinnahmt, kontrolliert und nicht selten an die »Mama« erinnert. Dann brechen Männer aus, oder aber sie beugen sich kleinlaut und resignieren, sind jedoch auch nicht mehr bereit, ihr volles Potenzial einzubringen.

Angst vor der weiblichen Emotionalität

Frauen symbolisieren und präsentieren für die Männer die Gefühlswelt. Das macht sie für Männer zum einen zu bewundernswerten Geschöpfen, auch aus dem Neid heraus, niemals so sein zu können. Gleichwohl flößt die – für Männer oftmals unberechenbare – emotionale Welt der Frauen auch massive Angst ein. Denn viele Aspekte der menschlichen Gefühlswelt, wie Trauer, Angst, Hilflosigkeit, aber auch Leidenschaft und Hingabe, womit Frauen auf eine natürliche Weise, meist selbstverständlich und sehr oft auch situationsangemessen umgehen können, haben Männer von sich abgespalten.

Diese Gefühle gelten als unmännlich, und deshalb

müssen sie verborgen werden. Trotzdem sind sie da. Sie kommen in Momenten zum Vorschein, in denen sich der Mann unbeobachtet fühlt. Oder aber nach dem körperlichen oder psychischen Zusammenbruch, dann, wenn die Maske fällt, weil die Kraft nicht mehr ausreicht, so zu tun, als ob.

Es ist für den Mann schwer, die weiblichen Emotionen einzuordnen, da sie meist spontaner und intensiver gezeigt werden. Das wirkt auf viele Männer, die meinen, sich im Griff haben zu müssen, befremdlich. Wenn Frauen ihre Emotionen ausdrücken, wenn sie treffsicher ihre Verletztheit oder ihre Ängste artikulieren, sind Männer überfordert. Sie wissen nicht, wie sie darauf reagieren sollen. Sie schauen weg oder betrachten die weiblichen Reaktionen als »zickig« und kommentieren sie herablassend: »Reg dich doch nicht so auf!«

Dahinter steckt aber nur das Unvermögen, mit solchen Emotionen umzugehen. Somit ist die Frau mit ihren Emotionen ein steter Quell der Verunsicherung. Kommen Stimmungsschwankungen, etwa bedingt durch hormonelle Veränderungen, hinzu, ist der Mann völlig ratlos und tritt den Rückzug in männliche Gefilde an. Auch mit der sogenannten Beziehungsaggressivität der Frauen, sprich die Androhung des Kontaktabbruchs im Konfliktfall, kommen Männer nur selten klar.

Von solchen »unberechenbaren Wesen« geführt zu werden ist daher für den Mann wie eine kurvenreiche Fahrt in der Achterbahn. Wenn eine Chefin dann noch über die Gefühle des Mitarbeiters sprechen möchte, werden die Mauern hochgezogen. Aus Angst, von den eigenen Gefühlen überwältigt zu werden und sich nicht mehr im Griff zu haben, wird dieser – zweifelsfrei vorhandene – emotionale und oft sensitive Teil der männlichen Seele abgespalten und öffentlich negiert.

Einzig »erlaubt« sind Ärger und Wut, die im männlichen Selbstverständnis ihren akzeptierten Platz haben und nach Aktion aussehen. Diese Emotion ist handlungsverleitend, weil sie Energie freisetzt. Damit bewegt sich der Mann im gewohnten Rahmen des »Machers«, und die Welt ist für ihn »in Ordnung«.

Angst vor Gewalt

Eigentlich ist es ein Paradoxon. Männer sind diejenigen, die in den meisten Fällen Gewalt verursachen. Weshalb haben sie dann Angst vor Gewalt? Sollte man nicht eher die Frage stellen, weshalb Gewalt für viele Männer offensichtlich ein gangbarer Weg (oft der einzige) ist, Emotionen loszuwerden, und Gewalt für manche sogar eine Art Aphrodisiakum darstellt?

Diese Frage möchte ich nicht beantworten, denn es ist wichtiger, die tiefsitzende männliche Angst vor Gewalt zu kennen. Nur dann ist nachvollziehbar, weshalb Gewalt oft Gewalt erzeugt.

Männer sind gewalterfahren, weil sie selten gewaltfrei aufwachsen. Zu den Demütigungen der Gleichaltrigen kommen die Schläge der Eltern. Es gibt kaum Männer, die ohne Gewalterfahrungen bleiben. Männlich sein gebietet jedoch: nicht darüber sprechen! Somit werden erlebte Grausamkeiten nicht »psychisch gesund« verarbeitet. Es wird nicht darüber gesprochen, aus Scham. Traumatische Erlebnisse werden verschwiegen. Wenn die Gewalt von einer Person ausging, der man vertraute, ist es umso schlimmer.

Ein riesiger Verdrängungsmechanismus ist die Folge. Der enorme Zorn über die erlebten Ungerechtigkeiten und die erfahrene Wehrlosigkeit »schmoren« im Untergrund und sind eine unkalkulierbare Quelle für plötzliche Gewalteruptionen. Gewalt wird dann auch oft vorbeugend angewandt, um nicht mehr wehrlos zu sein. Oft sagen gewalttätige Männer: »Ich konnte nicht anders.« Sie sind sich dieser inneren Mechanismen nicht bewusst.

Die Neurobiologin Louann Brizendine kommentiert dieses Verhalten so: »Männer verfügen über eine größere Verarbeitungskapazität in der Amygdala, jenem urtümlichen Gehirnareal, das Angst wahrnimmt und Aggressionen auslöst. Das ist der Grund, weshalb manche Männer innerhalb von Sekunden aus heiterem Himmel eine Schlägerei anfangen, während viele Frauen sich Mühe geben würden, den Konflikt zu entschärfen.«[*]

Daher schlagen sie, peinigen sie, erniedrigen sie, um nicht selbst erniedrigt zu werden. Aus Angst, noch einmal Opfer von Gewalt zu werden. Aber eigentlich sind sie nur äußerst hilflos und sehen in dem Moment keine andere Möglichkeit, als die erlittene Gewalt weiterzugeben.

Ohne eine intensive Reflexion schaffen es Männer oft nicht, aus dieser Gewaltspirale auszubrechen. Jungen und erwachsene Männer erleben leider nur selten männliche Vorbilder, die sich in Phasen der Not an andere wenden.

Ich bin fest davon überzeugt, dass Gewalt verhindert werden kann, wenn unbewusste männliche Sehnsüchte und Ängste thematisiert werden. Gewalt ist in vielen Fällen nur ein Ventil. Außer beim knallhart kalkulierenden Psychopathen, den ich bereits beschrieben habe.

Als Berater und Therapeut erlebe ich die befreiende Wirkung vielfach hautnah mit, sobald Männer den Mut

[*] Louann Brizendine: Das weibliche Gehirn. Warum Frauen anders sind als Männer; 2008

aufbringen, mit mir über ihre Nöte zu sprechen. Das ist nicht selten der erste Schritt, um einen langen Leidensweg zu verlassen.

Wenn Frauen Männer führen, müssen sie sich die »Gewaltbereitschaft« und das Streben nach »radikalen Lösungen« der Männer stets vor Augen halten. Viele bringen sich lieber um, als Hilfe anzunehmen. Kooperation wird von Männern häufig als ein Zeichen von Schwäche ausgelegt, verbunden mit der Gefahr, unterworfen zu werden.

Es gibt drei Arten von Aggressionsäußerungen bei Männern: die eindeutige feindliche Aggression (den anderen vernichten), die Wettbewerbsaggression (mit dem anderen konkurrieren), die Frustrationsaggression (um Enttäuschungen abzuwehren oder abzubauen). Männer können diese Aggressionen oftmals selbst nicht differenzieren und werden von deren Intensität überwältigt.

Führende Frauen sollten sich von diesen Ausbrüchen nicht schockieren lassen. Es ist männlich, und wenn sie sich im Zaum halten können, ist das eine bewusste Leistung der Männer. Es hat nichts mit der Art weiblicher Führung zu tun, sondern vor allem mit dem geführten Mann selbst.

Kluge Chefinnen insistieren dann nicht, sondern sie definieren klare und schützende Leitlinien, wenn Männer sich nicht helfen lassen wollen: Sie sprechen unter vier Augen mit ihnen.

Wunderbare Männer, oder: reflektierte Männlichkeit im Führungsalltag

> Es gibt kein Volk, bei dem der Spiegel das
> bevorzugte Instrument des Mannes wäre.
>
> *Rudolf Georg Binding,*
> *1867–1938, Schriftsteller*

Kann man sich diesen Weg vorstellen: vom Helden über den Beschützer zum reflektierten Mann? Ist dieser Weg überhaupt realistisch?

Manager werden doch darauf getrimmt und von PR-Experten gezielt aufgebaut, eine Maske zu zeigen. Sie werden dafür bezahlt, zu funktionieren und keine Schwächen zu zeigen.[*]

Solange dieses Bild vom führenden Mann existiert und gepflegt wird, bin ich einerseits skeptisch, dass wir reflektierte Männer, Führungskräfte ohne Selbstbetrug, in die wichtigen Funktionen und Positionen bekommen.[**]

Andererseits bin ich auch wieder zuversichtlich, da ich zunehmend mit Männern zu tun habe, auch führende Männer in höchsten Verantwortungsebenen, die so nicht mehr weitermachen wollen. Es kristallisieren sich mehr und mehr Manager heraus, die erkennen, dass das archaische »Typisch-Mann-Sein« anstrengend, frauenverachtend und letztendlich verdammt ungesund ist.

[*] Caspar Busse, Andrea Rexer: Der entscheidende Moment. Süddeutsche Zeitung; 15.01.2016
[**] Werner Dopfer: Mut, Moral, Menschlichkeit. Führung ohne Selbstbetrug; 2011

Sie machen sich auf den Weg, ihre weiblichen Seiten zu entdecken. Sie wollen ihre ureigenen männlichen Kompetenzen erweitern, um erfüllter durch das Leben zu gehen. Sie wollen ihre Gefühle nicht mehr Tag und Nacht verbergen müssen. Sie haben keine Angst vor dem »Stuhlkreis« eines Mitarbeiterseminars, weil sie realisiert haben, dass Rückmeldung sie persönlich bereichert und entlastet. Sie holen sich Hilfe, wenn sie sie brauchen. Diese Männer glauben an Veränderung.

Sie wollen aber auch nicht zu »Männerschatten« werden, die sich nicht mehr trauen, ihre Meinung zu vertreten. Sie wollen stärker intuitiv und kooperativ agieren, zum Wohl ihres Unternehmens und ihrer Mitmenschen. Letztendlich wollen sie das lernen, was viele Frauen schon können. Daher sind sie bereit, kritisch in den Spiegel zu blicken und ihre Einstellungen, Werte, Emotionen und Verhaltensweisen zu überprüfen.

Herr R. ist ein solcher Mann. Ich begleite ihn als Coach seit mehreren Jahren. Die längere Beratung ist auch dadurch bedingt, dass Herr R. in dieser Zeitspanne in insgesamt vier Firmen tätig war und er immer wieder vor neuen unternehmensspezifischen Herausforderungen stand. Sein Anliegen war und ist es nach wie vor, sich möglichst professionell und glaubwürdig zu verhalten. Dazu wählte er mich als provokativen »Spiegel«. Er ist einer meiner Klienten, die mir besonders ans Herz gewachsen sind. An ihm ist sehr schön zu beobachten, wie es ihm gelang, internalisierte, typisch männliche Verhaltensweisen zu hinterfragen, mit den Erfordernissen der Situation abzugleichen, um dann – manchmal auch unkonventionell – seine Entscheidungen zu treffen.
Zu seiner beruflichen Laufbahn gehörte, nach dem Studium der Wirtschaftswissenschaften, ein Auslandsaufent-

halt in Großbritannien. Danach war er in mehreren Funktionen im mittleren Management tätig, bis er schließlich zum Geschäftsführer eines eigentümergeführten Unternehmens berufen wurde, im Alter von knapp über vierzig Jahren.

Herr R. stammt aus einer Mittelstandsfamilie und wuchs in der Nähe von Frankfurt auf. Sein Vater war Lehrer, seine Mutter freiberufliche Möbeldesignerin. Er hat eine zwei Jahre jüngere Schwester. Sein Vater vermittelte ihm schon früh die Freude am Lesen, die Mutter animierte ihn, die Schönheit von technischen Dingen wahrzunehmen.

Der größte Vorteil seiner Kindheit und Jugend jedoch war, dass er in einem gewaltfreien familiären Umfeld aufwuchs. Es ging sehr partnerschaftlich zu, ohne dabei hitzige Diskussionen oder Debatten zu vermeiden. Persönliche Einstellungen und Werte, aber auch Gefühle konnten frei artikuliert werden. Es gab Regeln in der Familie, die für alle galten. Gegenseitige Wertschätzung förderte die Akzeptanz des anderen und legte den Grundstein für ein gesundes Selbstwertgefühl. Das Verhältnis Mann-Frau war in der Familie ausgeglichen. Es gab keine »Underdogs«. Allerdings spielte sich sein Vater schon mal gern als »Chef« der Familie auf, vor allem, als er zum Rektor aufstieg.

Herr R. war sehr belesen, und Fragen der Menschenführung interessierten ihn von Anfang an. Er las Managementliteratur und war damit nicht zufrieden. Er spürte, dass gute Führung mit Psychologie zu tun hat, und so legte er den Grundstein für seine Selbstreflexion. Immer wenn er in eine relevante Situation kam, stellte er mir die Frage: »Was meinen Sie, wie würde eine Frau dieses Thema angehen?« Er scheute sich nicht, seine ersten männlichen Impulse (auch vom Vater als Vorbild gelernte Ver-

haltensweisen wie zum Beispiel Dominanz) zuzulassen. Aber er reflektierte sie, sie waren ihm bewusst, und sie »übermannten« ihn nicht.

An ihm und mit ihm wurde mir klar, dass reflektierte Männlichkeit im Führungsalltag möglich ist. Allerdings war er aufgrund seiner eher positiven Historie bereits ein kleiner »Diamant«, der nur noch geschliffen werden musste.

Schwieriger ist es zweifelsohne, Männer mit kritischer Lebensgeschichte (was häufig der Fall ist) und hoher Impulsivität und damit zum Teil geringer Selbstregulation bei dieser Veränderung zu begleiten.

Gleichwohl ist mir – nach dem Lesen vieler Studien und mit meinen zahlreichen eigenen Erfahrungen – durchaus klar, dass der Einfluss genetischer Faktoren, was die Unterschiedlichkeit der Geschlechter anbelangt und lange in dieser Form geleugnet wurde, sehr stark sind.

Dennoch: Ich gebe die Hoffnung nicht auf und werde mich weiter dafür engagieren, ja sogar weiter dafür kämpfen, dass Männer einen neuen Weg gehen können. Ich möchte eine Welt, in der führende Persönlichkeiten das Beste aus beiden Geschlechtern vereint. Vorausgesetzt, Männer *und* Frauen führen.

Im zweiten Teil meines Buchs geht es um die außergewöhnlichen Qualitäten der Frauen. Sie besitzen Kompetenzen, die für eine neue Führungswelt meiner Meinung nach eine wesentliche, wenn nicht gar die unabdingbare Grundlage sind.

Feminine Führung

Die Hirnforschung zeigt die Vorteile weiblicher Führungskräfte

Es ist ganz entscheidend für die Frau, dass sie die Natur
ihres weiblichen Wesens erkennt, würdigt und betont.
Einige Frauenrechtlerinnen übersehen diesen Punkt.
Die Frauen sollen nicht Männer werden und die Welt
wie Männer gestalten.

Anaïs Nin, 1903–1977,
Schriftstellerin

Ich möchte nun nicht Listen von bekannten Frauen und
besonders erfolgreichen führenden Frauen darbieten.
Auch über Frauen, die »Geschichte schrieben«, möchte
ich mich nicht äußern. Die dürften mittlerweile hinreichend bekannt sein. Literatur dazu gibt es genug.

Mir geht es darum, die weiblichen Besonderheiten und
ihre damit verbundenen sehr guten Voraussetzungen für
eine moderne und psychologisch kluge Führung aufzuzeigen.

In einer großangelegten 360-Grad-Studie (Führungskräfte werden von Mitarbeitern, Kollegen, Vorgesetzten
und Kunden eingeschätzt) mit über siebentausend Personen zeigte sich, dass in fünfzehn von insgesamt sechzehn eingeschätzten Kompetenzen Frauen besser abschneiden als Männer. Die Kompetenzen reichen von
»Integrität« und »Ehrlichkeit« über »Initiativkraft« bis
hin zu »Inspiration« und »Motivation«.

Aufgrund der Eindeutigkeit der Ergebnisse stellen die
Autoren lakonisch die Frage, warum eigentlich nicht

mehr Frauen auf den Topführungsebenen zu finden sind, und folgern vorsichtig, dass es wahrscheinlich mit der Benachteiligung der Frauen zu tun haben müsse.[*],[**]

Wie im ersten Teil des Buchs dargelegt, ist es mit großer Wahrscheinlichkeit auch eine Art subtile Benachteiligung, die vorwiegend unbewusst geschieht, geleitet von den tief verankerten »Urängsten« der Männer. Warum sich Männer so verhalten (oder biologisch determiniert dafür sehr anfällig sind), habe ich skizziert.

Männer verschaffen sich mit ihren Vorgehensweisen auf jeden Fall jene Vorteile, die ihnen die Vorherrschaft sichern. Es ist für Frauen schwer, gegen die brachialen Maßnahmen der Männer, ihre Fähigkeit, sich in Szene zu setzen, ihre ungebrochene Selbsteinschätzung und Selbstüberschätzung, aber auch gegen ihre Bereitschaft, unter widrigsten Bedingungen Höchstleistung zu erbringen, anzukommen.

In Summe schafft dieses Verhalten keine besonders gute Voraussetzung für eine neue Führungskultur. Deshalb nun der verstärkte Blick auf die fantastischen Qualitäten der Frauen. Dabei werde ich die kritischen Aspekte weiblicher Führung nicht außer Acht lassen. Auch den Mythos vom »friedfertigen Geschlecht« möchte ich durch eine einseitige Betrachtungsweise nicht weiter nähren. Mir geht es darum, die typisch weiblichen und überaus vielfältigen Kompetenzen von Frauen zu beschreiben und ihre Bedeutung für eine sich hoffentlich weiter verändernde Führungskultur herauszuheben.

Ich möchte dabei nicht verhehlen, dass Frauen sich auch mit denjenigen weiblichen Verhaltensmustern aus-

[*]   Jack Zenger, Joseph Folkman: Are Women better Leaders than Men? Harvard Business Review; 3/2012
[**]   Alice H. Eagly: Female leadership advantage and disadvantage. Psychology of Woman; 31/2007

einandersetzen müssen, die ihren Erfolg in der Führungswelt letztendlich selbstverschuldet (ebenfalls oft unbewusst) verhindern. Barbara Bierach vertritt in diesem Zusammenhang eine äußerst provokante Ansicht im Sinn von: Frauen seien nicht unterprivilegiert oder unterdrückt, sondern verhielten sich einfach falsch, indem sie ihren eigenen Fähigkeiten ausweichen und zu wenig mutig und risikofreudig seien.[*]

Beschäftigt man sich mit den biologischen, sprich den genetisch bedingten Präferenzen des Verhaltens, liefert die Neurobiologie heute wichtige Erkenntnisse. Alle aktuellen Studien demonstrieren einhellig, dass Frauen – was die modernen Anforderungen an Führung anbelangt – hier die eindeutig besseren Karten haben. Bildgebende Verfahren der Hirnforschung liefern überzeugende Beweise dafür.

Dazu schreibt die bereits erwähnte Louann Brizendine fast euphorisch: »Das weibliche Gehirn hat ungeheure, einzigartige Fähigkeiten: eine herausragende sprachliche Flexibilität, die Fähigkeit zu tief empfundener Freundschaft, eine fast übernatürliche Fähigkeit, Gefühle und Geisteszustände an Gesichtsausdruck und Tonfall abzulesen, und die Fähigkeit, Konflikte zu entschärfen. Das alles ist im Gehirn von Frauen fest einprogrammiert. Frauen werden mit solchen Talenten geboren, Männer hingegen nicht ... « Und weiter: »Generell hat das weibliche Gehirn die Begabung, die Gedanken, Überzeugungen und Absichten anderer anhand winziger Indizien sofort einzuschätzen.«[**]

[*]   Barbara Bierach: Das dämliche Geschlecht. Warum es kaum Frauen im Management gibt; 2002
[**] Louann Brizendine: Das weibliche Gehirn. Warum Frauen anders sind als Männer; 2008

Wenn man das als Mann liest und darüber hinaus feststellen muss, dass es genau so ist, nötigt das gehörigen
Respekt ab.

Männer hingegen ringen meist förmlich darum, den
Ausdruck von Wut, Angst oder Ablehnung in den Ge-
sichtern von Frauen erkennen zu können. Die Miene einer Frau muss schon richtig traurig sein, sonst sehen die
Männer gar nichts. Ein britischer Zeitungsartikel brachte
dieses Phänomen bereits 2005 recht nett zur Sprache mit
der Überschrift: »If you dont't understand woman's
emotions, you must be a man.«[*]

Die vielfältigen und beziehungsorientierten weiblichen Fähigkeiten wirken auf die technisch orientierten
Männer oftmals nahezu unheimlich. Sie fühlen sich beobachtet, durchschaut und erkannt. Realistisch betrachtet sind genau dies wesentliche Fähigkeiten, die beim
Führen überaus wichtig sind – ausgehend von einer Füh-
rungsphilosophie, die auf folgender Definition basiert:
Führung bedeutet, andere dazu zu bewegen, gemeinsam
ein definiertes Ziel zu erreichen. Nimmt man diese Definition als Grundlage moderner Führung, steht eindeutig
der Teamgedanke im Zentrum. Damit erhalten die genannten weiblichen Qualitäten eine hohe Relevanz, weil
es im Kern darum geht, kooperativ und teamorientiert
Ziele zu erreichen.

Die Neurobiologin Brizendine, die auch Neuropsych-
iatrie lehrt, fasst diese von Natur aus gegebene neurologische Realität wunderbar zusammen mit dem Satz:
»Das Wir-Denken ist weiblich.« Es basiert – kompri-
miert dargestellt – auf folgenden Erkenntnissen: »Das
Zentrum für Sprache und Hören enthält bei Frauen elf
Prozent mehr Neurone als bei Männern. Der Hippocam-

[*] Roger Dobson: If you don't understand woman's emotions, you must be
   a man. Independent on Sunday; 5. Juni 2005

118

pus, in dem Erinnerungen und Gefühle nisten, ist ausge-
bildeter. Bei Männern beansprucht das Gehirnzentrum
für Aktivität, Aggression und Sozialtrieb, die Amygdala,
mehr Platz. Das Ich ist ihnen näher als das Wir. Das Sor-
genzentrum ist bei Frauen größer und bewirkt ein anderes, mehr von Mitgefühl geprägtes Abwägen von Entscheidungen ...«[*]

Während bei Männern markante Sprüche wie »Ich pa-
cke das schon allein« oder »Da muss ich durch« als Zeichen von Stärke, Durchhaltevermögen und Tapferkeit
gelten, haben Frauen andere Bewältigungsleitsätze, wie
zum Beispiel: »Wir stehen das gemeinsam durch.«

Insofern kann der Merkelsche Satz »Wir schaffen das«
als idealtypisches Beispiel für die weibliche Führung in
Krisenzeiten gesehen werden. Frauen reagieren auf stres-
sige oder feindliche Situationen, indem sie sich instinktiv
anderen Personen im engeren Umfeld zuwenden. Das
können Freundinnen sein oder, wenn es um nationale
Themen geht, das eigene Volk.

Aber wenn Frauen solche elementaren Vorteile haben,
warum sind sie dann nicht häufiger in Führungsfunktionen? Dass sie von den Männern daran gehindert werden,
habe ich aufgezeigt.

Aber es gibt noch weitere Hinderungsgründe: Gemäß
ihrer gehirnphysiologischen Ausstattung sind sie zu wenig rigoros, zu wenig machtambitioniert, zu wenig ich-
bezogen und bleiben daher beim Weg nach oben schlicht
und ergreifend gegenüber Männern auf der Strecke. Sie
zeigen sich in der Regel nicht wettbewerbsorientiert genug, weil ihre archaische Gehirnausstattung und entsprechende Programmierung das im Grunde nicht her-
gibt. Sogar bei Verhandlungen (wenn es um das eigene

[*] Roland Mischke: Die Vorteile weiblicher Führungskräfte. Die Welt;
    30.09.2010

Gehalt oder die Boni geht) schneiden Frauen nachweis-
lich schlechter ab. Sie verdienen laut Statistischem Bun-
desamt im Schnitt zweiundzwanzig Prozent weniger als
Männer.*

In meinen Seminaren zum Thema »Konfliktmanagement
und Verhandlungsführung« lasse ich Seminarteilnehmer
nach einem kooperativ ausgelegten Verhandlungsmodell
miteinander verhandeln. Dies geschieht in Form kleiner
Übungen von etwa dreißig Minuten Dauer. Das Ergebnis ist immer wieder faszinierend: Egal, auf welcher Füh-
rungsebene, und völlig unerheblich, in welchem Unternehmen oder gar in welcher Kultur, es zeigt sich stets ein
eindeutiges Muster:
  Die Männer bluffen, sie versuchen zu tricksen, sich
selbst als bedeutender darzustellen und möglichst ganz
viel vom möglichen Gewinn für sich zu beanspruchen.
Die Frauen erkennen dieses Verhalten, sie spüren förmlich, mit ihren nahezu seismographischen Antennen für
Kooperation und Ehrlichkeit, was geschieht, aber: Sie
trauen sich in der Verhandlung nicht, ihre Beobachtungen anzusprechen und den Weg zu verfolgen, der wirklich zielführend wäre.
  Sie lassen sich vom Gehabe der Männer beeindrucken
und artikulieren ihre Meinung kaum. Was noch schlimmer ist: Sie gehen mit den Männern Wege, die schlicht
und ergreifend falsch sind. Weil sie ihren ureigenen
Kompetenzen offensichtlich nicht vertrauen. Sie lassen
sich damit in diesen Übungen ins Verderben (weg von
der Kooperation und hinein in die Rivalität) führen. Das
ist für mich immer wieder desillusionierend: Frauen blicken durch, aber die Männer bestimmen!

* Ann-Katrin Müller: Nachteil Frau. Der Spiegel; 51/2016

Insgesamt entsteht somit ein verflixtes Dilemma: Die Frauen bringen auf der einen Seite gemäß ihrer gehirn-physiologischen Ausstattung genau das mit, was moderne Führung benötigt. Sprich: nicht mehr das männliche Anführer-Gefolgsleute-Prinzip, sondern das gemeinsame Verfolgen von Zielen.

Sie kommen jedoch zu selten in Führungsfunktionen, weil sie das Risiko scheuen und nicht unerschütterlich und beharrlich Misserfolge tolerieren können, wie es die Männer tun. Männer sind deutlich misserfolgsresistenter.

In evolutionären Dimensionen gesehen, haben die zigtausende Jahre des Konkurrrierens um Geschlechtspartnerinnen dem Mann ein ziemlich »dickes Fell« verliehen. Will sagen: Frustrationstoleranz ist ein Erfolgsfaktor für die männliche Dominanz! Das bedeutet, dass sich archaische Prädispositionen immer noch bezahlt machen, wenn es um den Aufstieg und das Erreichen von Führungsfunktionen geht.

Versuchen Frauen nun, dieser »Falle« zu entkommen, und zeigen sie sich wettbewerbsorientiert und deutlich rivalisierend, entsteht ein neues Dilemma. Sie kommen, hierarchisch gesehen, vielleicht weiter nach oben, aber die gelobten weiblichen Führungsqualitäten bleiben größtenteils auf der Strecke. Was Frauen in Führungspositionen auszeichnet und welche Erfolgsstrategien in die Führungsetagen führen, beschreibt Monika Henn. Sie kreiert eine Erfolgsfaktorenliste mit einundzwanzig Empfehlungen, die vom »eigenen weiblichen Stil entwickeln«, über »Mut« bis hin zu »mit Männern klarkommen« reicht.[*]

Eines wird offensichtlich: Imitiertes männliches Verhalten hat nur extreme Alphafrauen zur Folge. Diese

---

[*] Monika Henn: Die Kunst des Aufstiegs. Was Frauen in Führungsfunktionen kennzeichnet; 2009

Frauen kommen uns dann vor, als hätten sie eine Extradosis Testosteron zu sich genommen. Das wirkt außerordentlich befremdlich oder gar abschreckend – nicht nur auf die Männerwelt. Hier gibt es anschauliche Beispiele, die auch bei Frauen nicht ankommen: etwa Margaret Thatcher oder Marine Le Pen.

Betrachtet man den Faktor »Empathie«, so zeigen sich bemerkenswerte Unterschiede zwischen Männern und Frauen. Viele Untersuchungen zeigen, dass Frauen hier den Männern tendenziell überlegen sind. Sie können sich emotional einfach besser in das Gegenüber hineinversetzen, was es ihnen ermöglicht, die Gefühlslage oder Absichten anderer Personen gut zu verstehen.

Ob das immer zu besseren Entscheidungen führt, sei dahingestellt, da das emotionale Teilhaben natürlich auch zu Vorgehensweisen führen kann, die zwar von Mitgefühl geleitet und damit sehr menschlich wirken, sich jedoch, strategisch gesehen, auf längere Sicht als falsch herausstellen könnten.

Prüft man Angela Merkels Vorgehen in der Flüchtlingspolitik unter diesem Aspekt, bekommt ihre Entscheidung eine ganz andere Dimension: Mitgefühl, aber kein Plan, typisch weiblich, könnte man ihr unterstellen, und man läge gemäß den Erkenntnissen der Neurobiologie ziemlich richtig.

Die besagen nämlich auch, dass Männer deutlich rationaler orientiert sind. Sie können die Perspektive des Gegenübers einnehmen, tun dies jedoch verhältnismäßig nüchtern und sachorientiert. Frauen fühlen einfach mehr und haben manchmal vielleicht zu viel Mitgefühl.[*]

---

[*] Doris Bischof-Köhler: Von Natur aus anders. Die Psychologie der Geschlechtsunterschiede; 2011

Die größere Sensibilität für die Bedürfnisse und die Gefühlslage anderer könnte auch der Grund dafür sein, dass Frauen generell größeren Kummer empfinden als Männer. Empathie kann also auch von Nachteil sein, wenn das Miterleben zu intensiv ist: Depressionen treten bei Frauen in Deutschland doppelt so häufig auf wie bei Männern.* In anderen Ländern und Kulturen ist es nach Angaben der Weltgesundheitsorganisation (WHO) ähnlich.**

Wenn also leistungsbereite und topausgebildete Frauen einen Spitzenjob haben, um die Welt jetten, zwölf Stunden arbeiten, in kraftraubenden Meetings sitzen und dabei auch noch extrem mitfühlen, kann das die eigenen psychischen Ressourcen völlig überfordern.

Oft kommt es aber noch schlimmer: Gleichzeitig müssen sie um die Akzeptanz in der Welt der Männer kämpfen. Da steigen nicht wenige aus!

Das Szenario lässt sich noch ausweiten. Die Bedingungen, unter denen diese Frauen arbeiten, offenbaren noch eine weitere Dimension, die sich als zusätzliche Belastung erweist: Die beruflich hochaktive Frau hat zu Hause Kinder, und sie spürt intensiv, dass ihre Kinder sie vermissen – und sie vermisst ihre Kinder.

Erschüttert und völlig erschöpft erkennt sie, dass Frauen keine »Abbilder« von Männern sind. Sie realisiert, oft unter bitteren Tränen der Erkenntnis, dass sie einen Teil ihrer Weiblichkeit »verkauft« hat, weil sie glaubte, sich ein »männliches Image« verordnen zu müssen: immer weiter, stets höher und vor allem besser! Und das alles gleichzeitig!

---

* Hans Ulrich Wittchen, Frank Jacobi, Michael Klose und Livia Ryl: Depressive Erkrankungen. Gesundheitsberichterstattung des Bundes. Heft 51. Robert Koch-Institut; 2010

** WHO: Depression. Fact Sheet; reviewed April 2016 (unter www.who.int/mediacentre/factsheet)

Anne-Marie Slaughter gab 2011 die Leitung des Planungsstabs im Außenministerium von Hillary Clinton zurück und begründete ihren Spitzenkarriereverzicht in dem Aufsatz »Why Women still can't have it all«, der millionenfach gelesen wurde: Sie wollte schlicht und einfach mehr Zeit für ihre Kinder und ihre Familie haben.[*]

In meiner Praxis erlebe ich zunehmend Frauen, die sich die Frage stellen, ob sie so wie bisher weitermachen sollen. Sie wollen innerlich unabhängig vom Partner sein und ihr eigenes Geld verdienen. Leider vergessen sie in ihrem Streben nach Erfolg und Autonomie aber zu häufig ihre ureigenen weiblichen Bedürfnisse. Oftmals sinken sie im Stuhl nieder und stöhnen: »Ich hätte gern mal wieder eine Schulter zum Anlehnen.« Das innere Bild der immer starken und ständig organisierenden Frau erschöpft viele. Die Gedanken rasen, und die Frauen rennen mit den Männern um die Wette.

Lernbereite Männer trainieren, üben und lassen sich sogar therapieren, um ihre Beziehungs- und Konfliktmanagementkompetenz zu fördern. Und die Frauen bekommen all diese Fähigkeiten praktisch von der Natur in die Wiege gelegt. Das weibliche Gehirn hat eine bessere Verdrahtung für Kommunikation, die beste Grundlage für professionelle Führung. Diese biologischen Voraussetzungen könnten in Kombination mit positiven (verstärkenden) Lernerfahrungen ein riesiges Potenzial an führungsfähigen Frauen ergeben. Wenn es mit der männlichen und weiblichen Sozialisation nur nicht so komplex und die Männer »einsichtiger« und weniger abwehrend wären.

[*]   Alexandra Borchart im Interview mit Anne-Marie Slaughter: Planbarkeit, Kinder und Karriere. Süddeutsche Zeitung; 05./06.03.2016

Doris Bischof-Köhler schreibt in diesem Zusammenhang einen äußerst bemerkenswerten Satz: »Sowohl von den phylogenetischen Voraussetzungen her als auch historisch gesehen ist es ein Novum, dass die Geschlechter miteinander beruflich konkurrieren, da ihre Arbeitsbereiche bisher immer getrennt waren.«[*]

Sie nimmt darauf Bezug, dass im Rahmen der umfassenden Umwälzungen der Industriealisierung die typisch weiblichen und früher hochgeschätzten Tätigkeitsfelder mehr oder weniger wegbrachen. Damit waren die Frauen gezwungen, in andere Aktivitätsfelder einzuwandern.

Natürlich sind eine Menge neuer Berufsfelder entstanden, aber diese Felder versuchen heutzutage beide Geschlechter zu besetzen. Heute gibt es Pilotinnen, Soldatinnen, Polizistinnen und vieles andere mehr, was noch vor wenigen Jahrzehnten unvorstellbar gewesen wäre. Daher geraten tatsächlich zum ersten Mal in der menschlichen Historie Mann und Frau im berufsbezogenen Kontext unvermeidlich miteinander in Konkurrenz.

Dieser »Einwanderungsprozess« von Frauen in ursprünglich männliche Domänen ging relativ zügig vonstatten. Unser Gehirn – weiblich oder männlich – tickt jedoch in vielen Bereichen noch prähistorisch. Wenn also Mann und Frau im Beruf aufeinandertreffen, führen diese grundlegenden Strukturunterschiede auch heute noch zu Wahnehmungen »der anderen Art«. Wie Louann Brizendine dazu schreibt: »In einer Studie untersuchte man mit bildgebenden Verfahren das Gehirn von Männern und Frauen, die eine neutrale Szene mit einem Gespräch zwischen einem Mann und einer Frau beobachteten. Im

[*]   Doris Bischof-Köhler: Von Natur aus anders. Die Psychologie der Geschlechtsunterschiede; 2011

Gehirn der Männer wurden sofort die Sexualzentren aktiv – sie sahen darin den Auftakt zu einer sexuellen Begegnung. Das weibliche Gehirn interpretierte das Bild lediglich als ein Gespräch zwischen zwei Menschen.«[*]

Das heißt, der Mann nimmt eine Gesprächspartnerin, Kollegin oder Chefin, immer auch als Frau wahr, egal in welchem Kontext er ihr begegnet. Geschlechtsneutralität ist und bleibt eine Wunschvorstellung. Diesen Zustand erreichen zu wollen würde unsere Welt eventuell gerechter, aber auch wesentlich phantasieärmer machen. Ich bin überzeugt, es ist sinnvoller, sich den geschlechterspezifischen Präferenzen und Fähigkeiten zu stellen, sie zu reflektieren und sie dann bestmöglich zu nutzen.

Alle Erkenntnisse der Hirnforschung unterstreichen die besondere Bedeutung der Hormone für die Gehirnentwicklung. Sind Testosteron oder Östrogen also der Grund für die Entwicklung typisch geschlechterspezifischer Verhaltensweisen? Mittlerweile sind diese Erkenntnisse unbestritten, und in Kombination mit sozialisierenden Einflüssen werden wir zu dem Menschen, der wir sind.

Das Resultat: Frauen haben neurobiologische Vorteile für das moderne Führen. Sie zeigen vielfach auch, dass sie sie anwenden können – zumindest in aufgeklärten, freiheitlich und gleichberechtigt organisierten Gesellschaften und Unternehmen.

Aber ihnen fehlen andere neurobiologische (männliche) Verdrahtungen, um voller positiver Selbsteinschätzung konsequent an die Macht zu streben.

Sich mit Männern um die Rangordnung zu streiten fällt ihnen einfach schwerer, und so wählen viele den

[*] Louann Brizendine: Das weibliche Gehirn. Warum Frauen anders sind als Männer; 2008

Ausweg und geben sich dann doch der »erfüllenden Brutpflege« hin. Zweifelsohne auch, weil es ihrer biologischen Programmierung entspricht. Wenn sie nicht die eigenen Kinder versorgen, kümmern sie sich um die Kinder anderer, und wenn sie sich nicht um die Kinder anderer bemühen können, dann striegeln sie Pferde oder züchten Hunde.

Frauen fallen gern dem sogenannten Hochstapler-Syndrom anheim. Dabei handelt es sich um die Eigenart von Frauen, die, obwohl sie es beruflich zu etwas gebracht haben, ständig von Zweifeln geplagt werden, ob ihre Leistungen eigentlich echt oder nur zufällig zustande gekommen sind, da sie Anerkennung eigentlich gar nicht verdient hätten und irgendwann einmal herauskommen werde, dass sie in Wirklichkeit nichts taugen.*

Den Folgen des Hochstapler-Syndroms widme ich später noch ein eigenes Kapitel. Aber bereits an dieser Stelle ist mir ein Appell sehr wichtig: Liebe Frauen, traut euch, zeigt couragiert auch mal eure Alphaseite! Der männlich produzierte Abgasskandal bei Volkswagen zeigt doch klar und deutlich, wie wirkliches Hochstaplertum aussieht! Also bringt eure geschlechterspezifischen Fähigkeiten in die Führungswelt ein! Davon können alle Beteiligten nur profitieren!

---

* Susan Pinker: Das Geschlechter-Paradox. Über begabte Mädchen, schwierige Jungs und den wahren Unterschied zwischen Männern und Frauen. Übersetzung: Maren Klostermann. © 2008, Deutsche Verlags-Anstalt, München, in der Verlagsgruppe Random House GmbH

Was in Unternehmen mit Frauen
an der Spitze besser läuft

Willst du eine Rede hören, wende dich an einen Mann.
Willst du Taten sehen, geh zu einer Frau.

Margaret Thatcher, 1925–2013,
ehemalige Premierministerin Großbritanniens

»Richard Fuld führte Lehman Brothers, als befinde er
sich im Krieg«, so beschreibt der letzte Kommunikations-
chef dieses Traditionshauses die dramatische Situation,
nachdem die US-amerikanische Investmentbank 2008
Insolvenz anmelden musste.[*] Die größte Unternehmens-
pleite aller Zeiten löste ein Beben an den Finanzmärkten
aus, sämtliche Wirtschaften dieser Welt waren massiv bedroht, und die Regierungen mussten Milliardenbeträge
aufbringen, um einen völligen Kollaps zu verhindern.

Als zentrale Gründe wurden in der Presse »fatale
Selbstzufriedenheit, ein übermächtiger Chef, ein zweiter
Mann, der risikohungrig war und der Nummer eins zu
Diensten sein wollte, ein Führungsteam, das offene Debatten scheute, und schließlich noch ein Aufsichtsrat,
der voll war mit Männern eines gewissen Alters und einem beklagenswerten Mangel an Branchenkenntnissen«
beschrieben.[**]

Viele behaupteten, dass dieses Fiasko mit mehr Frauen
an der Spitze nicht eingetreten wäre. Die OECD (Orga-
nisation für wirtschaftliche Zusammenarbeit und Ent-

---

[*]   Welt online; 20. 12. 2008
[**]   Die Zeit; 31/2009

wicklung) und die Europäische Kommission bescheinigen Frauen sowohl einen kollegialen Führungsstil wie auch einen besonnenen Umgang mit Risiken.

Die Unternehmensberatung McKinsey belegte schon vor einigen Jahren mit einer Untersuchung von weltweit über dreihundert Unternehmen, dass in Summe jene Firmen erfolgreicher sind, deren Management aus gemischten Teams besteht.*

Im Rahmen der Analyse dieser Finanzkrise wurde praktisch die Stunde der Frauen eingeläutet. Vorher waren nur Umsatzzahlen und Ertragsergebnisse relevant, nun aber begann man verstärkt, auch auf die Geschlechterzusammensetzung in den Führungsetagen der Unternehmen zu blicken.**

Allmählich wurde es deutlich belegbar, und es sprach sich auch herum: Frauen im Vorstand sorgen für bessere Renditen. Die Aktien von Unternehmen mit gemischter Führungsetage erzielen bessere Werte. Diese Firmen sind auch weniger verschuldet und somit weniger anfällig in konjunkturell schlechten Zeiten. Das beweist auch eine Studie des Bundeswirtschaftsministeriums.***

Schade, dass sich viele Männer immer noch weigern, der »Mama« bei den Finanzen das Zepter zu übergeben. Eventuell trägt gerade die Hoheit über die Finanzen beim Mann dazu bei, sich von »Mama« zu distanzieren. Weil eben Geld Macht symbolisiert und scheinbar Autonomie verschafft.

Zum Thema »Frauen und Finanzen« zeigen zahlreiche Studien, dass Frauen bei der Finanzanlage anders vorge

---

* McKinsey: Woman Matter 4; 2010
** Larissa Haida: Frauen sorgen für bessere Aktienkurse. Handelsblatt; 03.11.2009
*** Jutta Maier: Frauen sind die besseren Chefs. Frankfurter Rundschau; 15.10.2015

hen als Männer und deshalb – auf längere Sicht gesehen – erfolgreicher sind.

Ein wunderbares Beispiel für diese Tatsache liefert die Studie der Ökonomen Brad Barber und Terrance Odean, die sie sinnigerweise – eventuell mit humoristischem Unterton – »Jungs bleiben Jungs« genannt haben.[*] Sie wollten testen, ob Männer vor lauter Selbstvertrauen an der Börse zu viel oder gar exzessiv handeln. Sie befragten anonym fünfunddreißigtausend amerikanische Haushalte. Das Ergebnis zeigte: Männer handeln, börsentechnisch gesehen, um fünfundvierzig Prozent mehr als Frauen, was ihr jährliches Einkommen gegenüber den Frauen um fast drei Prozent minderte. Das klingt zunächst nicht viel. Betrachtet man aber einen Zeitraum von fünf Jahren, sind es schon mehr als zehn Prozent. In Summe heißt es: Frauen sind realistischer, Männer überschätzen sich. Den Frauen gelingt es demnach besser als Männern, den aktivitätsinduzierenden Impulsen der Börse stärker zu widerstehen. Damit sind sie langfristig gesehen – was die Geldvermehrung anbelangt – aber erfolgreicher. Männer überschätzen ihre Kompetenzen, handeln öfter, produzieren Kosten und verlieren auch mehr.

Mittlerweile gibt es Fonds, die nur in Unternehmen investieren, die weibliche Chefs haben. Und Männer, die – geschüttelt von all den von maskuliner Selbstüberschätzung verursachten Krisen – zuversichtlich in diese Fonds investieren.[**]

Frauen in Führungspositionen sind somit offensichtlich ein Garant für nachhaltigen wirtschaftlichen Erfolg. Der Soziologe Dieter Otten ging bereits vor sechzehn

[*]   Brad Barker, Terrance Odean: Boys will be Boys. Gender Overconfidence, and Common Stock Investment. Quarterly Journal of Economics; 2001
[**]   Deborah Steinborn: Ihr nach! Zeit Geld Nr. 4. Die Zeit; 47/2015

Jahren so weit zu konstatieren: »Ohne moralisch integere, beruflich hoch motivierte, leistungsfähige und sozial engagierte Frauen wäre das ökonomische, soziale und politische System der westlichen Demokratien längst gescheitert.«[*]

So weit zum Thema Finanzen in Frauenhand. Dennoch fühlen sich aber viele Frauen nicht allzu sehr von der Welt der Zahlen angezogen. Doch die weibliche Scheu fängt schon früher an: Oft trauen sich Frauen nicht, sich auf Stellen zu bewerben, die »Führungsfähigkeit« im Ausschreibungstext verlangen. Sie bewerten dieses Wort eher als spezifisch männlich und fühlen sich nicht angesprochen, eher sogar abgeschreckt oder der Aufgabe »nicht gewachsen«. Auf Begriffe wie »Mitarbeiterverantwortung« reagieren sie hingegen positiv.[**]

Das ist denn auch der entscheidende Grund, dass Frauen bei der Besetzung von solchen Positionen nicht zum Zug kommen – weil sie sich nicht bewerben und weil die bereits beschriebene mangelnde Selbstüberzeugung ihnen dicke Brocken in den Weg legt. An diesem Scheidepunkt haben die Männer noch gar nichts gemacht, die typischen »Spiele« noch gar nicht gespielt, die ihnen selbst die Macht sichern und die Frauen von ihrer »Spielwiese« fernhalten.

Begibt man sich nach Schweden, dem ultimativen Vorbild der Geschlechtergleichberechtigung, so müsste sich ja hier das progressive Wirken der Frauen schon bezahlt machen, sei es in ökonomischer oder moralisch Hinsicht. Insgesamt sind mehr als die Hälfte der Uni-Absolventen

[*] Dieter Otten: Männerversagen. Über das Verhältnis der Geschlechter im 21. Jahrhundert; 2000
[**] Karin Janker: Die Frau, die sich nicht traut. Süddeutsche Zeitung; 28.05. 2014

und fast die Hälfte der Parlamentsabgeordneten Frauen. In der Wirtschaft sieht es bei führenden Unternehmen noch nicht so optimal aus. Hier lag die Frauenquote 2013 bei etwa zwanzig Prozent. In Schweden gilt gemäß den Unternehmensberatungen jedoch »Gender Equality als Wettbewerbsvorteil«, als Aushängeschild und sei damit gut für das Geschäft.[*]

Setzt man diese Situation in Bezug zu den harten Daten, so lassen sich auch hier Zusammenhänge zwischen weiblichem Einfluss und wirtschaftlicher, aber auch moralischer Kompetenz erkennen. Schweden steht auf der Liste des »Transparent-Index 2014«, eines Indikators für Antikorruptionshaltung und Vertrauen, nach Dänemark, Neuseeland und Finnland auf Platz vier, Deutschland steht auf Platz zwölf. Auch das Bruttoinlandsprodukt entwickelt sich seit Jahren insgesamt positiv. Somit dürften Frauen aufgrund ihrer vorsichtigeren, umsichtigeren, langfristigeren und weniger risikoanfälligen Haltung für die Unternehmensführung immer ein Gewinn sein.

Im Rahmen von Wirtschaftskrisen, weltweiten Konfliktherden und riesig dimensionierten Betrugsexzessen wie dem Volkswagenmanipulationsversuch stellt sich damit unweigerlich die Frage nach dem »moralischeren Geschlecht«.

Alle Befunde dieser Welt zeigen eindrucksvoll: Frauen handeln eindeutig moralischer, ganz im Sinne des Kantschen Imperativs: »Behandle andere so, wie du selbst behandelt werden möchtest.«

Natürlich sind moralische Haltungen stark von soziokulturellen Faktoren abhängig. Dennoch gibt es kulturübergreifende Erkenntnisse, die belegen, dass Frauen

[*] Roman Deininger: Ewiges Bullerbü, Süddeutsche Zeitung; 24. 07. 2015

von Natur aus ethischen Geboten eher folgen als Männer, weil sie – wie bereits skizziert – aufgrund ihrer genetischen, neurologischen und hormonellen Voraussetzungen einfach empathischer sind.

Sie fühlen, wie andere fühlen könnten, und verhalten sich entsprechend, ohne dass sie es explizit erlernen müssen. Gesellschaftliche Einflüsse haben natürlich eine starke Wirkung auf uns. Aber diese kulturellen Kräfte allein können den Empathievorteil, der sich bei Mädchen bereits von den ersten Lebensmonaten an beobachten lässt, nicht erklären. Zumal er unabhängig von Kulturkreis, Alter und sozialer Schicht existiert. Es gibt mittlerweile zahlreiche epidemiologische Untersuchungen, die zeigen, dass Empathie und die damit einhergehende soziale Anbindung vor Demenz schützen und Menschen länger leben lassen.*

Sigmund Freud spekulierte, dass der Penisneid des Mädchens dazu führe, das eigene Geschlecht als minderwertig anzusehen. Damit hat er der Abwertung des Weiblichen leider großen Vorschub geleistet. Freud postulierte implizit die Annahme – weil Frau ja sowieso minderwertig ist –, dass sie es mit der Moral nicht so genau nehmen müsse. Eine fatale Logik, die der Begründer der Psychonalyse da in die Welt gesetzt hat. Er nährte den über Jahrhunderte existierenden abwertenden Blick auf die Frau. Umso schlimmer, weil genau diese seiner vielen Annahmen – egal aus welcher Forschungsrichtung man sie betrachtet – doch außerordentlich umstritten ist. Wie schon angedeutet, sprechen nicht nur viele Studien, sondern auch die Alltagsrealität eine völlig andere Sprache.

Jegliche Statistik über Verkehrsdelikte, Vandalismus,

---

* Werner Bartens: Empathie. Die Macht des Mitgefühls; 2015

Gewaltanwendung, Finanzbetrug, Raub und Körperverletzung, Drogen- und Alkoholkonsum zeigt eindeutig: Die Damen sind gegenüber den Herren in der absoluten Minderheit. Ein Blick in die Gefängnisse, bezogen auf das Insassenverhältnis Männer/Frauen, vermittelt ein glasklares Bild: Das Verhältnis ist zehn zu eins, auf zehn männliche Insassen kommt eine Frau.

Auch im Bereich der Wirtschaftskriminalität bestätigt sich dieser Befund: Eine Studie des Wirtschaftsprüfungs- und Beratungsunternehmens KPMG* kommt zu dem Ergebnis, dass siebenundachtzig Prozent der Verursacher von Wirtschaftskriminalität Männer sind. Betrachtet man dabei den typischen Wirtschaftskriminellen im Detail, könnte man ihn wie folgt klassifizieren: männlich, älter als vierzig Jahre, engagiert, korrekt wirkend und in »ordentlichen Verhältnissen« lebend. Er hat zudem die Vorstellung, dass sein Handeln gerechtfertigt sei, weil er sich engagiert für das Unternehmen einsetzt. Er negiert jegliches Schuldbewusstsein und hält sein objektiv gesehen korruptes Vorgehen für richtig. Keine Spur von Moral und Verantwortung, sozusagen. Doch gepaart mit Selbstüberschätzung. Der männliche Klassiker.

Auch Belohnungen mit Bordellbesuchen, Sexpartys oder schmiergeldfinanzierten Lustreisen jeglicher Art, natürlich auf Kosten des Unternehmens, sind ein typisch männliches Phänomen. Dafür sind Männer sehr anfällig. Das Testosteron lässt grüßen!

Mit Frauen an der Spitze gibt es so etwas nicht! Das zeichnet Führungsfrauen ganz grundsätzlich aus.

Die von Natur aus gegebene Fähigkeit der Frau, am Erleben anderer empathisch teilhaben zu können, führt

---

*   KPMG Analysis of Global Patterns of Fraud: Who is the typical fraudster? 2011. KPMG ist ein globales Netzwerk von Wirtschaftsprüfern und Unternehmensberatern.

auch dazu, die Verantwortung für das eigene Handeln stärker ins Handeln einbeziehen zu können. Das »Mitfühlen« mit demjenigen, dem man »etwas antut«, ist bei Frauen deutlich stärker vorhanden. Insofern unterlassen sie vieles, was Männer gegenüber anderen rücksichtslos »durchziehen«.

Die beeindruckendsten Beispiele dafür sind sicherlich die sogenannten Milgram-Experimente aus den 1960er Jahren, die mehrfach und in unterschiedlichen Kulturen durchgeführt wurden. Hier ging es darum, mittels Stromstößen jemanden zu bestrafen (weil zum Beispiel ein Lernpensum nicht erfüllt wurde), obwohl man schon die Schmerzensschreie des Gepeinigten hörte. Sehr viele Versuchspersonen verhielten sich autoritätshörig und taten das, was der Versuchsleiter forderte. Frauen »straften« auch, hielten sich jedoch im Vergleich zu Männern etwas mehr zurück.[*]

Die bereits mehrfach erwähnte Doris Bischof-Köhler schreibt dazu: »Frauen hingegen, für die aus evolutionsbiologischen Gründen Betreuungsaktivitäten eine wesentlich höhere Priorität einnehmen, müssen es sich zu Herzen nehmen, wenn sie etwas falsch gemacht haben, denn das Leben ihrer Schutzbefohlenen steht auf dem Spiel.«[**]

In der Konsequenz bedeutet das für führende Frauen, dass ihnen das Wohlergehen ihrer Mitarbeiter grundsätzlich wichtig ist. Erleben sie dabei Misserfolge, fühlen sie sich oftmals schuldig. Bleibt die berechtigte Frage, ob die rivalisierenden Männer das auch so verstehen, da sie das »Bemuttern« dann doch meist als Bevormundung er-

---

[*] Lauren Slater: Von Menschen und Ratten. Die berühmten Experimente der Psychologie; 2013
[**] Doris Bischof-Köhler: Von Natur aus anders. Die Psychologie der Geschlechtsunterschiede; 2011

leben – und sich unbewusst verweigern, weil sie nicht wollen, dass »Mama« weiterhin den Ton angibt. Auch wenn sie in dem, was sie sagt oder tut, recht hat.

Von einer typisch weiblichen Moral im Führungsleben möchte ich allerdings nicht sprechen, da moralische Urteile auch immer von Rahmenbedingungen (spezifische Unternehmenskultur, Hierarchie- und Stresssituationen) abhängen. Eines ist jedoch klar: Frauen sind weniger anfällig für Korruption und fügen anderen deutlich weniger Schaden zu. Im Kontext der heutigen Leistungsgesellschaft und der bestehenden Wettbewerbsbedingungen sind sie daher vielleicht auch zu gut für die derzeitige Führungswelt. Obwohl sie in der Summe – gemäß diesen Kriterien – die besseren Chefs sind!

Der Erfolgsfaktor:
Achtsamkeit gegenüber den
eigenen Gefühlen

Wenn wir nicht ganz wir selbst sind,
wahrhaft im gegenwärtigen Augenblick,
verpassen wir alles.

Thich Nhat Hanh, geb. 1926,
Mönch, Zenmeister und Schriftsteller

Der Empathievorteil der Frauen wird leider oft als Zeichen von Schwäche interpretiert. Feministinnen – in ihrer tiefen Überzeugung, dass die massive männliche Einflussnahme die Frauen erst zu dem machte, was sie sind – wollen nicht wahrhaben, dass biologische Faktoren die Grundlage von dem sind, wie wir tendenziell agieren und reagieren: Männer tendieren zum Rivalisieren und Kämpfen, Frauen zum Mitfühlen und zum Kooperieren.

Eines meiner Anliegen mit diesem Buch ist es, auf die segensreiche Wirkung von Frauen in Führungspositionen hinzuweisen. Und ich suche nach psychologisch schlüssigen Antworten auf die Frage: Warum sind sie noch längst nicht dort, und was passiert, wenn sie dort sind?

Wenn Frauen sich endlich in Führungsfunktionen finden – angestachelt vom Wettbewerb, inspiriert von eigenen guten Ideen, gewürzt mit einer Prise Stress und animiert vom Erfolg –, sich dann aber so verhalten wie

Männer, missachten sie ihre eigenen Gefühle und Wünsche. Sie verleugnen sich selbst. Dabei spüren sie ihre innere Unzufriedenheit und Zerrissenheit, weil sie vieles tun, was ihrem Wesen nicht entspricht. Sie glauben, radikal sein zu müssen, obwohl ihnen solch ein Verhalten in den häufigsten Fällen nicht liegt. Sie sprechen davon, ihre »Frau stehen« zu wollen, und überfordern sich selbst. Sie möchten autonomer sein, als es gut für sie ist. Sie wollen von keinem Mann abhängig sein, obwohl sie sich nach Unterstützung sehnen und diese brauchen.

Dauerhafte Doppelbelastungen, da sie oft auch Familie zu Hause haben, gepaart mit einem enormen Perfektionismus, führen sie an den Rand des Zusammenbruchs.

Sie meinen, sich in dieser nach wie vor von Männern bevölkerten Führungswelt extrem hart zeigen zu müssen. Bei vielen herrscht das innere Motto: »Ich bin mindestens genauso gut und zielorientiert wie du, Mann!«

Sie versuchen zu beweisen, dass sie in der Lage sind, im teilweise absurd gnadenlosen Arbeitsleben der Männer mitzuhalten. Sie wollen nichts geschenkt und schon gar nicht wirken wie Frauen, sondern streben danach, es den Männern gleichzutun, und verbringen sechzig und mehr Stunden im beruflichen Umfeld, um zu demonstrieren, dass sie zumindest mithalten können.

Sie tendieren dazu, ihre weiblichen Fähigkeiten zu unterdrücken, weil sie fälschlicherweise annehmen, dass die in den oberen Etagen und im rationalen Führungsgeschäft nichts zu suchen hätten. Auch ihr Äußeres gestalten sie teilweise so unscheinbar und farblos, als würden sie sich dafür schämen, eine Managementfrau zu sein.

Ein Großteil dieser Frauen leidet. Nicht, weil die Rahmenbedingungen so miserabel sind, nein, sie leiden, weil sie nicht mehr sie selbst sein dürfen und nicht dazu stehen, dass sie andere Bedürfnisse haben als Männer.

In unzähligen meiner Führungsseminare habe ich Frauen erlebt, die ihre intuitiven Fähigkeiten wie auch ihr feines Gespür für relevante zwischenmenschliche Situationen unterdrücken. Sie meinen, diese besonderen Antennen seien nichts wert. Nur die Ratio, die Logik und das unnachgiebige Durchsetzen von Zielen werden – weil männlich – als wertig wahrgenommen. Wenn ich ihnen meine Eindrücke rückmelde, sind sie überrascht. Innehalten ist für sie zum Fremdwort geworden. Sie sind überzeugt, funktionieren zu müssen, und rennen im »Stechschritt« von einer Aufgabe zur nächsten.

In diesem Zusammenhang weist Doris Bischof-Köhler auf mehrere sehr interessante Studien hin, die durchgängig eine positive Beziehung zwischen einem eher dominanten Durchsetzungsverhalten und beruflicher Karriereorientiertheit einerseits und einem erhöhten Testosteronspiegel bei Frauen (speziell bei Managerinnen und Anwältinnen) andererseits zeigen.[*]

Das bedeutet im Klartext: Frauen, die von Natur aus einen erhöhten Testosteronspiegel aufweisen, sind in der Männerwelt oft erfolgreicher, weil durchsetzungsorientiert und rangbezogen. Beliebt sind sie aber wegen ihrer männlichen Verhaltensweisen nicht. Das schreckt Männer genauso wie Frauen ab.

Diese Erkenntnis offenbart ein tiefes Dilemma: Erfolgreiche Frauen – und sei es nur aufgrund des erhöhten Testosteronspiegels – sind oft unbeliebt! Männliche Verhaltensmuster bei Frauen ebenso wie weibliche Verhaltensmuster bei Männern sind eine Blockade auf dem Weg zu größerer Akzeptanz.

Hier sehe ich nur die Lösung darin, dass wir – Frauen

[*] Doris Bischof-Köhler: Von Natur aus anders. Die Psychologie der Geschlechtsunterschiede; 2011

wie Männer – lernen müssen, das typisch Weibliche, aber auch das typisch Männliche mehr wertzuschätzen, indem wir die spezifischen Qualitäten der Geschlechter hervorheben, beleuchten und auf ihre situationsspezifische Anwendbarkeit hin überprüfen.

Für Frauen in Führungsfunktionen bedeutet es aber auch: Achtet auf eure innere Stimme! Versucht nicht, Männer zu sein. Und wenn euch diese Stimme sagt, dass Vorgehensweisen und Berufswelten nicht zu euch passen, dann seid ehrlich. Schert euch nicht um die »Pseudo-Weltveränderer«, die euch versuchen einzureden, ihr wärt die besseren Männer. Versucht nicht, eurem Vater zu beweisen, dass ihr die besseren Söhne seid.

Die fehlende Reflexion der »inneren Antreiber« trägt ihr Übriges dazu bei, Frauen in den Managementetagen zu unzufriedenen Frauen zu machen, wenn sie nicht auf ihre wirklichen Wünsche achten. Wenn sie zum Beispiel mit Mitte vierzig feststellen, dass sie doch gern ein Kind hätten. Oder, falls sie schon Kinder haben und sie in die Kinderkrippe oder in die Schule bringen und mit Ritalin ruhigstellen – dann fühlen sie sich als Mutter verdammt unwohl. Vielleicht stellen sie auch fest, dass sie einen »dressierten Mann« zu Hause haben, den das häusliche Dasein weder anspornt noch ausfüllt und der daher in emotionaler Teilnahmslosigkeit »versackt«, weil er eigentlich lieber »technisch« tätig sein möchte.

Auch die »traditionell« weibliche Rolle kann für eine gewisse Zeit im Leben eine echte erfüllende Alternative darstellen, manchmal mehr als der Kampf um Geld, Macht, Rang und Statussymbole. Ein gesundes Selbstbewusstsein ist nicht ausschließlich durch eine berufliche Anerkennung zu erreichen. Ich bin mir im Klaren darüber, dass dies insbesondere aufstiegsorientierte Frauen nicht gern hören möchten. Dennoch habe ich diesen Satz sehr bewusst an dieser Stelle plaziert. Zu oft habe ich als Therapeut mit Frauen zu tun, die es zutiefst bereuen, wegen ihrer Karriere auf Kinder verzichtet zu haben.

Ich halte es grundsätzlich für sinnvoll, sich den eigenen (und geschlechterspezifischen) Neigungen zu stellen, ehrlich zu sich selbst zu sein und in den jeweiligen Lebensphasen achtsam zu prüfen, was ansteht. Auch Phasen der Fürsorglichkeit, der Pflege von persönlichen Beziehungen und das Sorgen um das Wohlergehen von anderen können – wenn sie zu uns und unserem Geschlecht passen – sehr erfüllend sein. Das Säugetiererbe der »Brutpflegemotivation« bei Frauen ist nicht einfach wegzudiskutieren.

Ich plädiere ganz und gar nicht dafür, dass Frauen ausschließlich Hausfrau sein und sich von ihren Männern mit einem sogenannten »wife bonus« bezahlen lassen sollten, wie es die Anthropologin Wednesday Martin beschreibt.[*]

Ich habe als Therapeut zu viele Frauen kennengelernt, die zwar beruflich erfolgreich, aber mit ihrer Lebenssituation weder zufrieden noch glücklich waren.

Viele Frauen neigen zu Perfektionismus – in allen Bereichen des Lebens, sie wollen alles optimal hinbekommen und den Anforderungen bestmöglich entsprechen, und das idealerweise zeitgleich. Frauen nehmen sehr sensitiv wahr, wie sie von anderen wahrgenommen werden. Wenn sie reflektieren, wie andere sie sehen oder sehen könnten, versuchen sie sofort, ihr Verhalten so anzupassen, dass es dazu passt und zumindest der Norm entspricht.

Dadurch entsteht bei vielen Frauen ein permanenter Druck, es allen recht machen zu wollen. Es entsteht das

---

[*] Wednesday Martin: Die Primaten von der Park Avenue; 2016

Bild der sogenannten Normfrau – wie es inzwischen von den Medien als Vorbild vermittelt wird. Dort tummeln sich Frauen, die scheinbar alles unter einen Hut bekommen: Beruf und Mitarbeiter, Partner, Kinder und Haushalt, Finanzen und Outfit (von der Kleidung bis hin zum Design der Wohnung), Freizeit und sogar die eigene Gesundheit.

Selbst das evangelische Magazin *Chrismon* prahlt in einem Artikel mit solchen Superfrauen, die Generalanwältin, Juristin und Journalistin sind und alles perfekt managen, jedoch teilweise selbstkritisch zugeben, dass sie einfach nur noch erschöpft sind.[*]

Die Ratgeberliteratur bedient massenweise diesen Anspruch, der aus allen Frauen starke, erfolgreiche, absolut autonome und den Männern in jeglicher Hinsicht überlegene Persönlichkeiten »zimmern« möchte. Die Qualitäten der Frauen sind unbestritten. Dennoch geht es darum, keine Normkarrieren zu proklamieren, sondern individuell erfüllende Lebenswege zu ermöglichen.

Ich bin davon überzeugt, dass Frauen eigentlich sehr gut selbst spüren, wenn die berufliche Situation für sie nicht stimmig ist. Je mehr Frauen sich aber von diesen absurden Ansprüchen leiten lassen und sich einen Partner suchen, der nur noch ein Schattendasein seines »Mannseins« darstellt, desto mehr Frauen werden in der permanenten Selbstüberforderung landen. Sie muten sich Dinge zu, die ihnen eigentlich nicht entsprechen – und lassen sich letztendlich auch ausbeuten.

Viele dieser Frauen saßen mir schon gegenüber, erschöpft und ratlos. Sie haben ihre Aufgaben als Führungskraft zu ernst genommen und sich dabei übernommen. Sie versuchen, einem Bild zu entsprechen, das nicht

---

[*] Nils Husmann, Ursula Ott: Die haben zehn Kinder! Chrismon; 09/2015

ihren inneren Werten und weiblichen Grunddispositionen entspricht. Sie glauben, sie hätten versagt, wenn sie etwas ablehnen. Die leiseste Kritik interpretieren sie als Vorwurf. Trotz ihrer empathischen Fähigkeiten ist ihnen am Ende das Gefühl für sich selbst abhandengekommen. Sie haben sich im Dickicht der Erwartungen und des eigenen Anspruchs verloren. Genau genommen suchen sie aber nur nach einer neuen Orientierung, die ihnen und ihrem Frausein mehr entspricht.

Der aktuell immer wieder zu beobachtende »Ausstieg« von überaus erfolgreichen und teilweise bekannten Frauen aus Wirtschaft und Politik wird in der Regel unmittelbar der feindseligen männlichen Kultur, der Diskriminierung und dem Mangel an weiblichen Mentoren und Netzwerken zugeschrieben. Vor einigen Jahrzehnten hatte das sicher noch seine Bedeutung. Mittlerweile stelle ich jedoch fest, dass sich Frauen – speziell jene, die in männertypischen Arbeitsfeldern tätig sind – die Frage stellen, ob dieses Berufsfeld für sie das richtige ist. Sie trauen sich oftmals diese Frage nur im vertrauten Kreis zu artikulieren, da der Ausstieg von Frauen immer noch typisch männlich bewertet wird: »Die hat es nicht gepackt und ist ganz klar als Führungskraft gescheitert.«

Genährt wird diese Auffassung natürlich von der alten männlichen Überzeugung, dass das berufliche Engagement immer über allem stehe. Männer, die von einer Frau geführt werden, setzen quasi voraus, dass die Chefin ebenso zielorientiert, stringent und rücksichtslos mit sich umgeht, wie sie es selbst tun. Sonst findet sie keine Akzeptanz.

Dass es eventuell ein starker emotionaler innerer Konflikt sein könnte, der Frauen zu einem achtsamen Schritt der Selbstüberprüfung veranlasst, verlangt jedoch eine differenzierte Betrachtung, die oftmals erst im Nachhin-

ein stattfindet, wie mir nachfolgendes Beispiel sehr eindrucksvoll zeigte.

*Frau G. war zweiundvierzig Jahre alt und IT-Leiterin in
einem internationalen Softwareunternehmen. Sie berich-
tete direkt an den Geschäftsführer und hatte ein Team
von insgesamt dreizehn Softwareingenieuren zu führen.
Auf ihrer Ebene war sie die einzige Frau.*

*Sie war eher klein und sehr schlank. Auffällig war ihr
blonder Lockenkopf, der in Relation zum Körper dyna-
misch und voluminös wirkte. Gekleidet war sie unscheinbar, grau und schwarz. Das einzige Utensil, das sie ständig mit sich trug, war eine funktionale Laptoptasche aus
Nylon.*

*Ihre Tochter war dreizehn und ging aufs Gymnasium.
Der Ehemann arbeitete als freiberuflicher Programmierer. Sie verdiente deutlich mehr als er.*

*Ihr Chef hielt viel von ihr, wollte sie fördern und schickte
sie zu mir ins Coaching mit dem Ziel, extrovertierter zu
werden. Ihm war aufgefallen, dass sie sich in der kollegialen Männerrunde selten äußerte.*

*Auf meine Frage, warum sie in dieser Situation so zu-
rückhaltend sei, antwortete sie mit dem Hinweis, dass es
ihr keine Freude mache, mit den Männern um Redean-
teile zu ringen. Das sei ihr zu blöd. Deshalb halte sie sich
zurück. Sie beobachte dann lieber und denke »im Stil-
len«. Wenn sie etwas sage, werde sie unterbrochen, insbesondere von den »Vertrieblern«.*

*Als ich sie fragte, wie sie eigentlich in diese Funktion ge-
kommen sei, erzählte sie ihren Werdegang.*

*Aufgewachsen in der ehemaligen DDR, hatte sie Infor-
matik studiert, weil es die Eltern so wollten und weil der
staatliche Computerhersteller Robotron »eine sichere Sache« gewesen sei. Außerdem war der Einfluss der Sowjet-*

union, möglichst viele Frauen geschlechterparitätisch ins Ingenieurwesen zu bringen, überall spürbar. Die Wahlfreiheit war extrem eingeschränkt. Eigentlich habe sie Psychologie studieren wollen. Sie habe sich von jeher für menschliches Verhalten interessiert.

Als die Mauer fiel, zog sie nach Westberlin und beendete dort das Studium. Jobs gab es in dieser Branche genug, und sie verdiente gutes Geld. Einen wirklichen Plan hatte sie jedoch nicht. Eins habe das andere ergeben. Kurz nach der Geburt ihrer Tochter kehrte sie an ihren Arbeitsplatz zurück, weil es ihrer Sozialisation entsprechend so üblich war.

An dieser Stelle ihrer Rückschau hielt sie inne, räusperte sich und sagte, dass dies ein Fehler gewesen sei. Sie habe sich so sehr ein Kind gewünscht, habe jedoch die ersten Jahre nur wenig von ihrer Tochter mitbekommen. Sie habe gespürt, dass sie sich lieber um ihre Tochter hätte kümmern wollen. Alle in ihrem Umfeld hätten ihr jedoch geraten, auf keinen Fall ihre Karriere zu vernachlässigen. Im Nachhinein sei sie zutiefst überzeugt, damals einen Fehler gemacht zu haben. Sie hätte sich drei Jahre Zeit für ihr Kind nehmen sollen. Als sie mir das erzählte, wirkte sie sehr nachdenklich und sogar erschüttert, obwohl es dreizehn Jahre her war.

Jetzt stelle sie sich die Frage, ob sie sich noch einmal so bedingungslos anpassen solle, nur weil ihr Chef wolle, dass sie mehr aus sich herausgehe. Sie habe dazu genau genommen keine Lust. Sie interessiere das »männliche Gehabe« in diesem Kreis nicht im Geringsten. Warum solle sie da jetzt auch noch mitmachen?

Sie hinterfragte ihre Art zu leben, die Sechzehn-Stunden-Tage, den Tunnelblick und die Ellbogenmentalität.

Frau G. schrieb sich nach sieben Sitzungen an einer Fernuni für Psychologie ein. Sie gab ihre Führungsfunktion ab

*und ging auf Teilzeit. Ihrem Mann, der jahrelang ein
»gemütliches Leben« geführt hatte, wagte sie zu sagen,
dass er mehr zum Lebensunterhalt beitragen müsse.*
*Ihr Chef war enttäuscht über das unerwartete Ergebnis
dieses Coachingprozesses.*
*Sie jedoch hatte die Achtsamkeit für sich selbst wieder-
entdeckt und tat jetzt endlich das, was ihr tatsächlich ent-
sprach.*

Wirklich erfolgreiche Frauen achten auf sich, gehen nur
Wege, die ihren grundsätzlichen, aber auch weiblichen
Bedürfnissen entsprechen. Sie verleugnen nicht die biologischen Dispositionen und die entsprechenden hor-
monell gesteuerten Verhaltenspräferenzen – wie zum
Beispiel das Fürsorgeverhalten. Sie stehen selbstsicher
und standhaft zum eigenen Geschlecht, ohne die Männer
zu verteufeln.

Ihre Weiblichkeit und die damit verbundenen Bedürfnisse nehmen sie nicht als Makel wahr. Sie stellen sich
dem Frausein und wollen keine geklonten Männer sein.
Sie wissen, dass sie in ihrer Weiblichkeit einzigartig sind
und nur durch die sorgsame Pflege dieser femininen Besonderheiten auch langfristig glücklich im Beruf sein
können.

Sie schaffen es, gelassen mit den männlichen Besonderheiten umzugehen und sich gegebenenfalls davon zu
distanzieren. Die höchste Anerkennung, die ihnen ge-
zollt werden kann, ist der Satz aus männlichem Mund:
»Sie geht direkt und umsichtig mit uns, aber auch sorg-
sam mit sich selbst um!«

Immer wenn die Arbeitszufriedenheit gemessen wird,
schlagen die Frauen die Männer bei weitem. Obwohl sie
im Schnitt weniger verdienen und seltener in Führungsfunktionen anzutreffen sind. Erklärt wird diese Feststel-

lung, dass Frauen nicht so extrem auf den Beruf fokussiert sind, sondern auch Ziele verfolgen, die in anderen Lebensbereichen liegen. Leider nimmt dieser Glückspegel der Frauen in den letzten Jahren sukzessive ab.

Der britische Wirtschaftswissenschaftler Richard Layard erklärt diese Abnahme damit, dass sich Frauen heutzutage nicht nur mit Frauen, sondern auch zunehmend mit Männern vergleichen. Der ständige Vergleich fördere zusätzlich das Gefühl, den vielfältigen Anforderungen nicht gerecht zu werden.*

Viele Beobachtungen bei meinen Coaching-Klientinnen bestätigen diese Hypothese. Ich habe den starken Eindruck, dass führende Frauen ständig glauben, sich mit den Männern vergleichen zu müssen. Sie haben oftmals noch keine eigene (weibliche) Identität als Führungskraft entwickelt und misstrauen ihrem eigenen Erfolg. Das passiert Männern hingegen sehr selten! Auf dieses spezifische Thema werde ich später explizit eingehen.

---

* Richard Layard: Die glückliche Gesellschaft. Was wir aus der Glücksforschung lernen können; 2009

»Emotional, zickig und zu brav«?

Jedes unkritisch übernommene Vorurteil ist ein Zwang.
Jedes dem eigenen Ich entsprungene Gebot ist eine innere
Bindung – ein Baustein der Persönlichkeit.
*Richard Nikolaus Coudenhove-Kalergi, 1894-1972,
Schriftsteller und Politiker*

Frauen in Führungsfunktionen haben es besonders
schwer – sie werden stets mit Argusaugen beobachtet.
Weniger hinsichtlich ihrer konkreten Arbeitsergebnisse
und Leistungen, sondern hinsichtlich ihres Auftretens
und ihres Äußeren.

Hochaufmerksam und akribisch wird notiert, welche
Farbe der Blazer hat und ob die Handtasche dazu passt.
Trägt sie Lippenstift? Wie hoch sind die Absätze, und ist
der Hosenanzug nicht doch zu eng für Brust und Hin-
tern? Speziell die Frisur wird einer besonderen Inspek-
tion unterzogen. Stimmen Schnitt und Länge, und was ist
das denn für eine Farbe? High Heels werden bei hochge-
wachsenen Frau übrigens recht schnell als Demonstra-
tion interpretiert, den Männern überlegen sein zu wollen.

Die bayerische Landtagspäsidentin Barbara Stamm
findet das unangemessen und meint dazu: »Frauen werden kritischer wahrgenommen. Vielleicht weil es bei den
Frauen auf so vieles ankommt, auf die Kleidung, auf die
Haare. Bei Männern ist es egal, wenn sie jeden Tag die
gleiche Krawatte tragen, bei Frauen ein Aufreger, wenn
sie das falsche Kleid anhaben.«[*]

[*]   Katja Auer: Alle mal herschauen. Süddeutsche Zeitung; 22.04.2016

Der analysierend-bewertende Blick kommt sowohl von männlicher wie auch von weiblicher Seite. Die Männer checken: Ist sie attraktiv, sexy? Potenzielle Sexualpartnerin oder eher nur der Mamatyp? Die Frauen prüfen: Sieht sie besser aus als ich? Ist sie Konkurrentin oder vielleicht doch beste Freundin? Diese biologisch verankerten trivialen, archaischen, nahezu reflexartigen Muster finden innerhalb von Sekunden statt. Menschen treten sich nicht gegenüber wie neutrale Roboter. Sie sehen sich, sie taxieren sich, sie spüren Anziehung oder Ablehnung.

»Nachtblaue Stilettos von Saint Laurent, dazu dieses blaue Kleid von Michael Kors, das schlicht geschnitten ist, jedoch mit seinen Nähten an Brust, Taille und Hüfte entscheidende Akzente setzt. Klassisch, aber sexy. Die roten Lippen und die voguesque Pose; verkehrt herum positioniert auf einer Gartenliege. Wahnsinn, Marissa Mayer, die Chefin von Yahoo, inszeniert sich in der Septemberausgabe der *US-Vogue* wie ein Topmodel. Und es steht ihr. Ihr schönstes Accessoire sind auch nicht die Schuhe, es ist ihr Titel: CEO.«[*]

Frauenzeitschriften inszenieren erfolgreiche Frauen mit der Kernbotschaft: Sexappeal und Macht! Implizit schwingt folgendes Signal mit: Frauen können alles schaffen! Auch du kannst so werden, du musst es nur wollen! Wenn du es nicht schaffst, liegt es an dir. Dann bist du nicht cool genug, nicht belastungsfähig. Also ziere dich nicht, wenn der Chefsessel winkt! Wenn es dir nicht gelingt, den Männern zu zeigen, dass du ebenfalls neunzig Stunden in der Woche arbeiten kannst, gehörst du nicht zu jenen, die es den großen Vorbildern gleichtun.

[*] Lara Fritschke: Damenwahl. SZ-Magazin; 09/15

Frauen, die bei Topjobs nicht »zugreifen«, gelten als verdächtig. Wenn sie überdies vom Chef dazu »auserkoren« wurden und dann einen »Rückzieher« machen, weil ihnen andere Dinge im Leben auch noch wichtig sind, geraten sie schnell in die Schublade, alles zu emotional zu sehen.

Den Männern hingegen wird mit derart inszenierten Marissas eine illusionäre Welt vorgegaukelt, die da heißt: Schau her, so kann eine Chefin sein! Wenn die eigene Chefin dann aber Ende fünfzig ist und gerade mit den Wechseljahren kämpft, liegt die abfällige Bemerkung »Zicke!« in der Luft.

Der Druck auf die Frauen ist enorm: Nur nicht zu leise agieren, das wirkt unterordnend und ist für eine Führungsposition unpassend. Kritik nicht zu oft vorbringen, das wirkt nörgelig. Laut werden geht gar nicht, das wirkt überfordert. Nur nicht emotional reagieren, das wirkt, als würde man die Kontrolle verlieren.

Führende Frauen müssen so gesehen in dreifacher Hinsicht »performen«: äußerlich, inhaltlich und psychisch. Das äußere Bild wird gepflegt, den Trends angepasst, um möglichst zu gefallen. Einige fallen dann dem weiblichen Narzissmus anheim und lassen sich sogar halbnackt oder im Dominakostüm ablichten. Das wiederum wird dann als frevelhaft bewertet. Einen Schritt zu weit gegangen, provozieren gehört nicht ins Bild. Der Balanceakt ist schwierig.

Männer haben es denkbar einfacher. Sie tragen einen Anzug und eine Kurzhaarfrisur und wirken damit geschäftsmäßig gepflegt. Selten wird ihr Äußeres so detailliert bewertet. Über Körperfülle (Helmut Kohl, Peter Altmaier und viele andere), Frisuren und Haarschnitte oder Bärte wird zwar gewitzelt, aber man konzentriert sich dann doch auf das Inhaltliche. Stellt man sich jedoch führende Frauen mit derartig extremen äußerlichen Attributen vor, ist die Akzeptanz relativ zügig angekratzt.

Hermina Ibarta, Robin Ely und Deborah Kolb beschreiben die Zwickmühle der Frauen zutreffend: »In den meisten Kulturen sind Männlichkeit und Führung eng miteinander verbunden. Die ideale Führungspersönlichkeit ist, ebenso wie der ideale Mann, entschlossen, durchsetzungsfähig und unabhängig. Von Frauen hingegen wird erwartet, dass sie nett und selbstlos sind und sich kümmern. Diese Diskrepanz zwischen herkömmlichen weiblichen Qualitäten und den für Führungsrollen nötigen Eigenschaften bringt weibliche Führungskräfte in eine Zwickmühle. Wie zahlreiche Studien gezeigt haben, werden Frauen, die sich in traditionell männlichen Domänen durchsetzen, als kompetent gesehen, aber auch als weniger sympathisch als ihre männlichen Kollegen. Was bei Männern meist als selbstbewusstes oder durchsetzungsfähiges Verhalten gewertet wird, wird bei Frauen oftmals als arrogant oder harsch eingestuft. Und wenn Frauen in Machtpositionen einen konventionell femininen Stil einsetzen, werden sie möglicherweise gemocht, aber nicht respektiert. Sie gelten dann als zu emotional für harte Entscheidungen und als zu weich, um eine starke Anführerin zu sein.«[*]

Dennoch hat sich hier in den letzten Jahren des Ausprobierens und seitdem neuere Studien – wie schon zitiert – bekanntgeworden sind, einiges getan. Viele solide Untersuchungen und eine große Zahl an hilfreichen Büchern haben den Frauen Mut gemacht.

Ich beobachte zunehmend mehr Frauen, denen es gelingt, ihre weiblichen Qualitäten in den Fokus zu rücken.

[*] Hermina Ibarta, Robin Ely und Deborah Kolb: Aufstieg mit Hindernissen. Harvard Business Manager; 10/2013

In meinen Interviews bekennen viele: »Wir haben mittlerweile deutlich weniger Angst, die Dinge beim Namen zu nennen. Wir geben auch keine Ruhe, bevor ein Thema nicht geklärt ist. Auch wenn wir uns dabei unbeliebt machen.«

Speziell ihre Erfahrungen als Töchter und Mütter ermutigen sie, sich zu dieser Perspektive zu bekennen.

Sie lassen sich durch Stereotype wie »zickig, weiblich und emotional« nicht irritieren, sondern erkennen diese Vorwürfe der Männer als »unbewusste Verbrüderung« oder als nicht bearbeitetes »Mama-Trauma«. Sie gehen auf die unzähligen Attacken nicht ein. Sie wissen, was sie können und wer sie sind, und sie schaffen es sogar, sich gegenseitig zu loben. So sagt die Chefin des IWF über die deutsche Bundeskanzlerin im Interview: »Angela Merkel zeigt, dass Frauen tatsächlich führen können, kompetent und mit Mut.«[*]

Auch die allgemeinen unnachgiebigen Rufe nach dem »neuen Mann« tragen langsam Früchte: Männer beginnen, sich mit ihrer Männlichkeit auseinanderzusetzen. Das ist meist ein längerer Prozess und stellt viele Männer vor ungeahnte Herausforderungen. Sie müssen unter Umständen nicht nur ihr inneres – gelerntes oder durch Traumata fest verankertes – Bild von der Frau modifizieren, sondern auch eine Art von Männlichkeit entwickeln, die sozial verträglicher ist und damit ganz neue Anforderungen stellt. So schreibt Eduard Waidhofer: »Die Emanzipation der Frauen hat das starke Geschlecht, den Krieger und Kämpfer, Helden und Beschützer in die Knie gezwungen und Ratlosigkeit hinterlassen.«[**]

In der Presse kursiert bereits der Begriff des »Al-

---

[*] Alexandra Borchart, Cerstin Gammelin: Krisen sind gut für Frauen. Süddeutsche Zeitung. Plan W; 01/2016

[**] Eduard Waidhofer: Die neue Männlichkeit; 2016

phasofties«, der diesen neuen Mann kennzeichnet mit Begriffen wie »selbstbewusst«, »durchsetzungsstark«, aber gleichzeitig »empathisch« und »kommunikativ«.*

Vor diesem Hintergrund weiblicher Erwartungen – so möchte ich schmunzelnd bemerken – werden die »Männertherapeuten« ein riesiges Geschäft machen. Beide Geschlechter werden jedoch erkennen, dass die genetischen Einflüsse verdammt stark sind und damit Dinge vorherbestimmen, die nicht immer einfach zu akzeptieren sind, trotzdem aber das Menschsein mit all seinen Facetten ausmachen.

Das Scheitern einer geschlechtsneutralen Erziehung und Kultur hat 1979 bereits Melford E. Spiro beschrieben.** Seine weltweit bekanntgewordenen »Kibbuzstudien« fasst er unter anderem mit folgendem kompaktem und gleichermaßen selbstkritischem Fazit zusammen: »Ursprünglich sei er davon ausgegangen, der Mensch habe keine Natur, auf die man Rücksicht nehmen müsste, sondern sei ausschließlich von der Gesellschaft bestimmt. Nach Abwägung aller Einflussgrößen komme er aber zu dem Schluss, dass es präkulturelle Determinanten geben müsse.«

Ich bin sehr zuversichtlich, dass Menschen grundsätzlich in der Lage sind, sich von Stereotypien zu lösen, auch wenn diese eine enorme Bedeutung und Beständigkeit – manchmal sogar Macht – haben. Es kann gelingen, wenn sie sich selbst reflektieren und die zum Glück heutzutage existierenden umfassenden psychologischen Erkenntnisse mit einbeziehen. Die ungebrochene Nachfrage nach

* Lydia Klöckner im Zeit-Interview mit der Elite-Partner Psychologin Lisa Fischbach: Frauen suchen den Alphasoftie. Die Zeit. Nr. 12/2016
** Melford E. Spiro: Gender and Culture. Kibbutz Women Revisited; 1979/1996

Coaching oder gar Psychotherapie bestätigt meine Annahme. Viele Führungskräfte suchen bereits nach diesem Stil, der Empathie nicht als östrogengetriebenen Anflug und Durchsetzungsfähigkeit nicht als testosterongesteuerte Überreaktion klassifiziert. Diese Führungskräfte sind aufgeklärt und wollen einen Weg gehen, der die Qualitäten sowohl weiblicher wie auch männlicher Fähigkeiten berücksichtigt.

Außerordentlich skeptisch bin ich jedoch, was die vielen Psychopathen und Narzissten anbelangt, die unsere Führungsetagen nach wie vor – sowohl in der Wirtschaft wie auch in der Politik – bevölkern. Die lassen sich nichts sagen, nicht von Männern, geschweige denn von Frauen.

Psychopathen drehen sich ausschließlich um sich selbst und empfinden weder Achtung noch Mitgefühl für andere. Auch wenn eine relativ neue Studie zeigt, dass die geringe Empathiefähigkeit von Narzissten durch einen induzierten Perspektivenwechsel durchaus Potenzial für therapeutische Interventionen bietet, wie sich Wissenschaftlerinnen auf diesem Gebiet sehr vorsichtig ausdrücken.[*]

Die Krisen dieser Welt zeugen eindeutig davon, dass es noch viel zu viele solcher unveränderlichen Typen gibt. Im Zeitalter des Terrorismus und andauernder Wirtschaftskrisen wurden der Schrei nach radikalen und rücksichtslosen Vorgehensweisen und der Wunsch nach »starker Führung« sogar wieder deutlich lauter. Zuhören, Verstehen, Reflektieren und das Kooperieren geraten leider in solchen Phasen schnell ins Hintertreffen.

Für führende Frauen heißt das: Nährt nicht die herrschenden Stereotype! Entblättert euch nicht auf Hoch-

---

[*] Erica G. Hepper, Claire M. Hart, Constantine Sedikides: Moving Narcissus. Can narcissts be emphathic? Personality and Social Psychology Bulletin; 2014

glanzmagazinen aus falsch verstandenem Selbstbewusstsein. Fallt nicht der narzisstischen Selbstdarstellung anheim. Vermeidet diese große Verlockung der Macht.

Baut lieber auf den bedeutungsvollen Satz des Verhaltensforschers Frans de Waal: »Ginge es nur um die Ausbeutung anderer, hätte sich die Evolution nie mit der Empathie abgegeben.«[*]

Es wird vermutlich noch ein weiter Weg sein, bis sich die neuen »Alphafrauen« und die »Alphasofties« so entwickelt haben, dass sie sich widerstandslos gegenseitig führen lassen. Dazu bedarf es – wie angedeutet – aus meiner Sicht eines komplett neuen Führungsstils, den ich im dritten Teil dieses Buchs konkret skizzieren werde. Dies muss ein Stil sein, der die aufgezeigten biologischen Präferenzen der Geschlechter akzeptiert, aber auch kritisch beleuchtet. Ich möchte eine Möglichkeit eröffnen, die aus beiden Geschlechtern das Beste zutage fördert.

Die Chance und die Fähigkeit zur Ausübung eines Berufs, die in aufgeklärten Gesellschaften zum Glück für Frauen mittlerweile weitgehend gegeben sind, müssen nicht unbedingt bedeuten, dass jemand diesen Beruf auch ausüben möchte. Insbesondere das Führen muss man auch wollen. Viele Dinge sind lernbar, aber nur wenn es mir ganz grundsätzlich eben auch entspricht. Ich habe genug unglückliche weibliche und männliche Führungskräfte gesehen, die von außen herangetragene Karriereambitionen verfolgten und dabei sich und ihre Bedürfnisse über Jahre hinweg verleugneten. In der Konsequenz habe ich es in mein festes Repertoire genommen, die Motivation für den Beruf oder die Karriere meiner Coachees, Klienten oder Patienten zu überprüfen.

[*] Frans de Waal: Das Prinzip Empathie. Was wir von der Natur für eine bessere Gesellschaft lernen können; 2011

Nicht immer, wenn es ein gesellschaftliches Anliegen gibt, muss es auch das Anliegen des Individuums sein.

Elisabeth Niejahr und Bernd Ulrich schreiben dazu: »Es ist gerade ziemlich cool, für ein Frauenanliegen zu sein. Das hat auch damit zu tun, dass Frauen sich heute weniger verstellen müssen, um nach oben zu kommen. ... Die Generation Merkel musste vor allem beweisen, dass Frauen im Zweifel nicht gleich losheulen, dass sie nicht zickig und hysterisch sind ... Die Frauen sind jetzt so viele, dass sie auch wieder verschieden sein dürfen ...«[*]

[*]   Elisabeth Niejahr, Bernd Ulrich: Wie weiblich wird's noch? Die Zeit 51/2012

Die Furcht der Frauen vor Erfolg, oder: das Hochstapler-Syndrom

Man würde das Richtige nicht erkennen,
wenn sein Gegenteil nicht existierte.
Heraklit, 520–460 v. Chr.,
griechischer Philosoph

Tendenziell neigen Menschen dazu, sich selbst hinsichtlich ihrer eigenen Kompetenzen nicht besonders realistisch einzuschätzen. In der Regel überschätzen wir uns, sei es in Bezug auf das eigene berufliche Können und die fachliche Expertise oder aber nur bei so scheinbar triviale Alltagsaufgaben wie Autofahren, Kochen oder dem richtigen Umgang mit Kondomen. Das zeigen unzählige Studien der Psychologie, und daher gilt dieses menschliche »Selbstüberschätzen« mittlerweile als gesichertes Alltagswissen.

Die meisten überschätzen sogar ihre eigene Intelligenz und ihre Sozialkompetenz. Mit dieser Überschätzung gaukelt uns unsere Psyche etwas vor. Wir fühlen uns gut, was nicht heißt, dass wir wirklich gut sind. Es ist sozusagen eine »selbstwertdienliche« Verzerrung.

In meinen Führungsseminaren beobachte ich dieses Phänomen ständig. Speziell (männliche) Führungskräfte glauben, mit Stresssituationen (Präsentationen oder Mitarbeitergesprächen) gelassen und professionell umgehen zu können. Lässt man sie diese Aufgaben tatsächlich durchführen und vergleicht man Selbsteinschätzung mit tatsächlich gezeigter Leistung, besteht bei vielen eine enorme Diskrepanz.

Eine weitere elementare Erkenntnis vieler Studien ist überaus interessant, weil sie bemerkenswerte geschlechterspezifische Ergebnisse liefert. Weibliche Leserinnen werden es vermutlich schon ahnen: Deutlich mehr Frauen als Männer schätzen ihr Leistungsvermögen schlechter ein, auch wenn sie sehr gute Leistungen erbringen. Der Glaube an die eigenen Fähigkeiten ist bei Frauen deutlich geringer ausgeprägt. Sie zweifeln, und bei objektiv guten Leistungen präsentieren sie sich in eher vorsichtiger Zurückhaltung. Sie schreiben ihren Erfolg oft nicht ihren eigenen Fähigkeiten zu, sondern dem Glück oder dem Zufall.

Die bereits zitierte Susan Pinker beschreibt dieses typisch weibliche Phänomen, welches in der Literatur als »Hochstapler-Syndrom« bezeichnet wird, sehr treffsicher: »Dabei handelt es sich um die Eigenart von Frauen, die, obwohl sie es zu etwas gebracht haben, ständig von Zweifeln geplagt werden, ob ihre Leistungen echt sind oder auf dem Zufall beruhen, dass sie Anerkennung also gar nicht verdient haben und irgendwann einmal herauskommen wird, dass sie in Wirklichkeit nichts taugen.«[*]

Sie fühlen sich sozusagen wie eine Hochstaplerin, die nur so tut, als ob, und dann enttarnt werden wird.

Als Psychologe wusste ich natürlich von der fehlerhaften Selbsteinschätzung der Menschen, aber von diesem spezifisch weiblichen Hochstapler-Syndrom hatte ich noch nichts gehört, bis ich vor einigen Jahren eine höchst erfolgreiche Autorin beriet und dabei mit diesem spezifisch weiblichen Phänomen konfrontiert wurde.

[*] Susan Pinker: Das Geschlechter-Paradox. Über begabte Mädchen, schwierige Jungs und den wahren Unterschied zwischen Männern und Frauen. Übersetzung: Maren Klostermann. © 2008, Deutsche Verlags-Anstalt, München, in der Verlagsgruppe Random House GmbH

Frau E. war 51 Jahre alt und promovierte Germanistin. Sie stammte aus Norddeutschland und hatte drei ältere Brüder. Ihr Vater war erfolgreicher Unternehmer und Eigentümer einer Firma, der Kabel herstellte. Die Mutter war in der Firma seine Chefsekretärin.

Nach dem Studium ging Frau E. nach München und heiratete einen Schauspieler, der im Lauf der folgenden Jahre durch diverse Fernsehserien recht bekannt wurde. Um die Kinder kümmerten sich beide, die Altbauwohnung in Schwabing war groß genug, um sich ab und an zur Entlastung ein Kindermädchen zu leisten, das dann auch bei ihnen übernachten konnte.

Es lief in dieser Phase recht gut, wie sie mir versicherte. Sie arbeitete zunächst freiberuflich als Journalistin bei einem bayerischen Fernsehsender. Als ihre Kinder – ein Junge und ein Mädchen – etwas älter waren, begann sie ihr erstes Kinderbuch zu schreiben, einen Roman, der außerordenlich gute Rezensionen bekam und sich darüber hinaus gut verkaufte. Ihr Ehemann lobte und ermunterte sie weiterzumachen.

Aufgrund der Nähe zur Filmbranche durch den Beruf ihres Mannes probierte sie bald auch aus, Drehbücher zu schreiben. Darin war sie ebenso erfolgreich wie mit ihren Kinderbüchern. Ihr Stil, ihr Humor und ihre phantasievolle Sprache wurden von allen gelobt. Sie wollte es jedoch nicht glauben und definierte es als zufälliges Glück, weil ihr Mann ja im »Filmbusiness« bekannt war.

Dann kam ihr erster Bestseller auf den Markt, der wochenlang auf den Listen stand, in andere Länder verkauft und später sogar verfilmt wurde. Es war eine spannende, sorgfältig recherchierte Geschichte, anspruchsvolle Unterhaltungsliteratur, die Tausende Leser begeisterte. Doch sie zweifelte weiterhin an ihren Qualitäten und meinte, dass sich spätestens beim nächsten Buch erweisen würde, dass bisher alles reines Glück gewesen war. Sie konnte sich stets nur sehr bedingt freuen, ihre Skepsis überwog.

Schließlich ging sie in die Offensive und griff zu einer subtilen Methode, um endgültig den Beweis für ihr Nicht-können zu führen. Sie verschaffte sich ein lateinamerikanisch klingendes Pseudonym und wechselte das Genre. Sie schrieb einen Liebesroman. Ihr Verlag – von ihrem Können überzeugt – zögerte nicht lange und schickte das Manuskript mit Empfehlungen an eine Agentur nach Argentinien. Das Buch wurde verlegt, und Frau E. mit Isabel Allende verglichen.

Es kamen unzählige Menschen auf sie zu, die ihr – wie sie betonte – natürlich nur schmeicheln wollten. Ihre Lektorin ermunterte sie weiterzumachen.

Ihr Mann tat sich jedoch zunehmend schwer mit ihren ständigen Zweifeln. Er fühlte sich genervt und belastet. Auch weil die inzwischen studierenden Kinder ausgezogen waren. Seine Frau war de facto erfolgreicher als er – aber sie wollte es immer noch nicht glauben.

Im Rahmen einer Krimiserie, bei der ihr Mann mitspielte – es ging um einen Psychokrimi –, hatte der Regisseur einen Psychologen zur Beratung engagiert. In einer Drehpause sprach ihr Mann diesen Psychologen auf das Verhalten seiner Frau an. Dem Kollegen kam die Sache seltsam vor, und er meinte lapidar, dass seine Frau wohl »therapiebedürftig« sei.

So kam sie zu mir. Geschickt von ihrem Mann, der sich angesichts ihres Hochstapler-Syndroms nicht mehr zu helfen wusste.

Sie wirkte auf mich weder niedergeschlagen noch unsicher, eher aufgeweckt und lebendig. Sobald wir aber auf ihren Beruf zu sprechen kamen, vermied sie den Blickkontakt, als ob sie nicht darüber sprechen wollte.

Nach mehreren Sitzungen wurde ich konkreter und bat sie, mir alle ihre Bücher und Filme konkret zu nennen. Sie zierte sich etwas, aber am Schluss der Stunde hatte ich eine Liste. Von einigen der Bücher hatte ich gehört. Ich besorgte sie mir alle.

Zwei Wochenenden verbrachte ich damit, in ihren Büchern zu lesen und mir die Filme anzuschauen, für die sie die Drehbücher geschrieben hatte. Mir gefielen sowohl die Bücher wie auch ihre Filme. Ich war sogar begeistert. Ihre Sprache, ihre Präzision in der Schilderung der Charaktere waren einfach wunderbar. Aus meiner Sicht war der Erfolg von Frau E. mehr als verdient. Wer so etwas geschaffen hatte, der musste fähig sein, sehr fähig sogar.

In der nächsten Sitzung sprach ich voller Lob über ihre Leistungen. Sie reagierte mit folgenden Worten abwehrend und defensiv: »Das sagen Sie jetzt nur, weil Sie mein Therapeut sind.«

Frau E. war eine erfolgreiche Frau und litt – wie offensichtlich viele Frauen – unter dem Hochstapler-Syndrom, ohne zu wissen, dass es so etwas gibt.

Mit ihr war es ein langer Prozess auf dem Weg zu einer gesünderen Kausalattribution, wie wir Psychologen die Fähigkeit nennen, sich Erfolge selbst zuzuschreiben und nicht ausschließlich dem Glück oder dem Zufall.

Ein Schlüsselsatz für die Entstehung ihrer ungesunden Kausalattribution stammte von ihrem Vater, der in ihrer Jugend nicht müde wurde zu betonen: »Der größte Erfolg einer Frau besteht darin, sich einen guten Mann zu suchen, und dazu muss sie eigentlich nur möglichst attraktiv sein!« Er ließ sie Germanistik studieren, weil er sowieso nicht daran glaubte, dass sie damit Erfolg haben würde.

Durch die verzerrte Einschätzung ihrer Kompetenzen schlagen viele Frauen Chancen aus, sie bewerben sich nicht auf lukrative, interessante und für sie passende Stellen. Sie haben letztendlich Angst vor dem eigenen Erfolg.

Die Folge ist nahezu selbsterklärend: Wer wenig zweifelt, sich selbst tendenziell überschätzt, sprich die Männer, der okkupiert auch die Chefsessel und bestimmt, wo es langgeht.

Dieses weibliche »Hochstapler-Syndrom« hat vermutlich eine soziokulturelle Ursache, die sich in der individuellen Lerngeschichte einer Frau niederschlagen kann. Die Gesellschafft »bestraft« Frauen, sobald sie Erfolg haben, insbesondere bei prestigeträchtigen Tätigkeiten, die als männlich gelten.[*] Die dann zu erwartende Bewertung »Mannweib« hat immer einen negativen Beigeschmack. Entsprechend stellen Frauen – meist unbewusst – ihren ganz individuellen Erfolg noch immer zu stark unter den Scheffel. Lautet doch eine wesentliche soziokulturelle Parole: Frauen haben zurückhaltend, pflichtbewusst und fleißig zu sein. Dafür werden sie gelobt und geliebt, während ihrer Erziehung und ganz besonders in der Schule.

Als Frau sollten Sie öfter sagen: »Das habe ich geschafft!« Und sich verkneifen zu sagen: »Das haben wir geschafft, und ohne Glück und mein Team wäre es nicht gelungen.« Letzteres ist eine sympathische Aussage und zeichnet Frauen aus! Freilich kommen sie damit nicht von ihrem Hochstapler-Syndrom los.

Wie tief dieses Syndrom bei Frauen verwurzelt sein kann, offenbart ein Interview mit der vielfach ausge-

---

[*] Doris Bischof-Köhler: Von Natur aus anders. Die Psychologie der Geschlechtsunterschiede; 2011

zeichneten Schauspielerin Michelle Pfeifer, die auf die Frage, wie sie ihre Begabungen entwickelt habe, folgendermaßen antwortete: »Ich glaube immer noch, dass die Leute irgendwann herausfinden werden, dass ich nicht besonders talentiert bin. Ich bin wirklich nicht gut. Es ist alles ein großer Schwindel.«[*]

Wenn Frauen nicht darauf achten oder es nicht lernen, ihre persönlich erbrachten Leistungen deutlicher in den Mittelpunkt zu rücken, werden sich Männer nicht von ihnen führen lassen. Stellen Frauen ihre Leistungen in den Schatten, glauben Männer, dass die Frau nichts draufhabe.

Solange die Führungswelt männlich dominiert ist, muss auch frau den eigenen Erfolg ins rechte Licht rücken. Dabei geht es nicht darum, arrogant aufzutreten, wie es die Ratgeberliteratur den Frauen nahelegen möchte.

Die vornehme Zurückhaltung der Frauen ist jedoch spätestens dann unangebracht, wenn die männliche Fähigkeit zur Darstellung des eigenen Könnens viel Raum einnimmt und sich von der Realität und den Fakten entfernt.

Frauen gehen oft gewissenhaft vor, sie wollen alles richtig machen, möglichst keine Fehler, eben perfekt sein. Dabei werden sie mal schnell von Männern überholt, die es nicht scheuen, zu bluffen und, wie bereits aufgezeigt, hohe Risiken, oft zu hohe, einzugehen. Das Ergebnis für die Frauen: Sie sind am Ende enttäuscht oder gar hochgradig frustriert, weil sie nicht zum Zug gekommen sind.

Der Perfektionismus und die nach außen verlagerte

---

[*] Zitiert von Susan Pinker: Das Geschlechter-Paradox. Über begabte Mädchen, schwierige Jungs und den wahren Unterschied zwischen Männern und Frauen. Übersetzung: Maren Klostermann. © 2008, Deutsche Verlags-Anstalt, München, in der Verlagsgruppe Random House GmbH

Zuschreibung (Glück, Zufall und vieles andere mehr) des Erfolgs sind gemäß den Erkenntnissen der psychotherapeutischen Forschung zentrale Faktoren bei der Entstehung von Depressionen, woran Frauen deutlich häufiger leiden als Männer.[*]

Zu wenig an die eigenen Fähigkeiten zu glauben führt auch dazu, dass Frauen gemäß meiner Beobachtung nicht so gern verhandeln. Sie akzeptieren vorschnell eine Gegebenheit oder einen Preis, warten ab und bemühen sich zu wenig um eigene oder optimalere Ressourcen. Sie sorgen sich zu sehr darum, den Misserfolg zu vermeiden und gar nichts zu bekommen, und verpassen somit fast immer die Chance, mehr zu bekommen.

In einem Experiment haben Ökonominnen herausgefunden, dass Frauen eher auf Boni, die an ein gewisses Risiko gebunden sind, verzichten. Sie setzen praktisch seltener auf den Leistungsbonus und verdienen daher auch weniger. Dieses Ergebnis erklärt unter anderem auch, warum es immer noch eine »Lohnlücke« (Gender Pay Gap) von gut zwanzig Prozent gibt. In Berufssparten, in denen viele Frauen tätig sind, wird im Schnitt weniger gezahlt. Steigt der Frauenanteil in einem Beruf um zehn Prozent, sinkt das Gehaltsniveau um vier Prozent. Ist also alles eine Frage der Verhandlung?[**]

Offensichtlich wird auf alle Fälle – je mehr Untersuchungen und Erfahrungen verfügbar sind –, dass es nicht nur die Babypause, die Kinderbetreuung und die Teilzeitarbeit sind, die Karriere und Gehalt schaden.

[*]   Martin E. P. Seligmann: Pessimisten küsst man nicht. Optimismus kann man lernen; 2002
[**] Sarah Schmidt: Viele Frauen, wenig Geld. Süddeutsche Zeitung; 28.04. 2016

Wenn Frauen Männer führen, sollten sie nicht zu kritisch sein, weder sich selbst noch den von ihnen geführten Männern gegenüber. Sonst werden sie als ewig kritische und nörgelnde Chefin wahrgenommen, die es nicht gut sein lassen kann oder mit der man nichts »aushandeln« kann. Es muss den Frauen gelingen, hier das richtige Maß zu finden.

Wer als Frau Männer führen will, muss auch bereit sein, zu »feilschen«, einen Deal zu machen. Das gibt Männern das Gefühl, einer gleichberechtigten Person gegenüberzustehen. Die Spielregeln im Business lauten nämlich auch: Stelle eigene Ansprüche, vermarkte deine Arbeit, gehe in die Verhandlung![*] Frauen, die hier professionell auftreten, trauen sich, einen männlichen Freund oder Berater zu fragen, um zu überprüfen, ob sie nicht auf dem Weg in die ständig lauernde Perfektionismusfalle sind oder gar abwartend die Opferrolle einnehmen.

Je mehr Frauen in Führungsfunktionen aktiv sind, desto häufiger werde ich mit der Frage konfrontiert: »Ganz ehrlich, wie sehen Sie das als Mann?«, oder: »Was empfinden Sie als Mann?«, oder: »Wie würden Sie als mein Mitarbeiter reagieren?«

Ich mag diese Fragen, da ich feststelle, dass diese Führungsfrauen intuitiv merken, dass Männer doch anders »angepackt« werden müssen. So generieren diese Frauen mit größerer Wahrscheinlichkeit Führungerfolg. Sie können es! »Yes she can«, wie die österreichische Autorin und Managerin Marianne Heiß in Anlehnung an den Obama-Wahlslogan »Yes we can« propagiert.[**]

[*] Gertrud Höhler: Wölfin unter Wölfen. Warum Männer ohne Frauen Fehler machen; 2003
[**] Marianne Heiß: Yes she can. Die Zukunft des Managements ist weiblich; 2011

Wie gut Frauen beispielsweise auch als Autorinnen sind, beschrieb schon vor langer Zeit der britisch-amerikanische Schriftsteller Henry James (1843–1916) mit wunderbaren Sätzen: »Frauen sind feinfühlige und geduldige Beobachter, man könnte sagen, sie führten ihre Nase ganz dicht an das Gewebe des Lebens heran. Das Wirkliche wird ihnen mit einer Art von persönlichem Takt geführt und wahrgenommen, und ihre Beobachtungen sind in tausend entzückenden Büchern festgehalten.«[*]

Leider ist mir dieses Zitat erst im Zusammenhang mit den Recherchen für dieses Buch »über den Weg gelaufen«. Ich hätte es liebend gern Frau E. gezeigt. Ob es etwas ausgelöst hätte, ist fraglich. Was ist schon der Satz eines Schriftstellers gegen die massiven männlichen Botschaften des eigenen Vaters.

[*] Zitiert aus: Stefan Bollmann: Frauen, die lesen, sind gefährlich und klug; 2014

Die Angst vor dem »Übermann«

Die Männer, schwach, zu Siegern hochgeputscht, brauchen,
um sich überhaupt noch zu empfinden, uns als Opfer.

Christa Wolf, 1929-2011,
Schriftstellerin

Noch vor ein paar Jahrzehnten hielt man die Emanzipation der Frau sogar in Deutschland für den Untergang
der zivilen Gesellschaft. Bis zum Jahr 1977 brauchten die
Frauen hierzulande das Einverständnis ihrer Ehemänner,
um arbeiten gehen zu dürfen.[*]
Mittlerweile haben wir in Deutschland seit mehr als
einem Jahrzehnt eine Kanzlerin, mehrere Ministerinnen,
hier und dort auch Topmanagerinnen in der Wirtschaft,
aber insgesamt bringen die Frauen immer noch Opfer.
Sie verdienen bei gleicher Leistung weniger, und ihr
wertvoller Beitrag zur Entwicklung von Gesellschaft,
Kultur und Wirtschaft wird nach wie vor zu wenig gewürdigt. Darüber hinaus müssen sie sich mehr anstrengen, um in vergleichbare Positionen zu kommen wie die
männlichen Kollegen.
Man kann auch sagen: Frauen werden weiterhin ausgebeutet. Auf eine andere Art als in früheren Zeiten, weniger direkt, subtiler, aber letztlich hat sich an der Tatsache selbst wenig geändert. Was können Frauen noch tun,
um sich aus der über Tausende von Jahren zugeschriebenen und vielfach auch akzeptierten – oder unbewusst in-

---

[*]   Heribert Prantl im Interview mit Rita Süssmuth: Scheitern. Süddeutsche
Zeitung; 08./09.08.2015

ternalisierten – »Opferhaltung« zu lösen, ohne wieder den ideologiebehafteten »Kampf der Geschlechter« und die altbekannte Forderung »mehr Gleichberechtigung« zu bemühen? Welche psychologischen Überlegungen sind hilfreich, damit sich die Frauen – sei es im privaten oder im beruflichen Kontext – aus der Klammer der Angst vor dem »Übermann« lösen können?

Es sollte bis hierher klargeworden sein: Frauen müssen ihre Qualitäten noch mehr schätzen und diese noch deutlicher hervorheben. Sie sollten sich nur in berufliche Themenfelder begeben, die ihnen auch liegen, also Themenfelder, die ihren individuellen Fähigkeiten, Talenten und geschlechterspezifischen Begabungen entsprechen und damit die Möglichkeit bieten, sich überzeugend zu identifizieren. Diese Aspekte und ihre grundsätzliche Bedeutung für die Akzeptanz als Führungskraft hatte ich bereits aufgezeigt. Das ist die eine Seite.

Die andere Seite ist, dass sie sich ihre immer noch existierenden Ängste vor dem »Übermann« intensiver bewusst machen und schrittweise abbauen müssen. Das ist meines Erachtens das schwierigere Unterfangen.

Das archaisch-typische »Männerverhalten« wirkt zweifelsohne einschüchternd und immer auch angstinduzierend. Viele Untersuchungen zeigen eindrucksvoll, dass Männer mehr Lärm machen (speziell in Gruppen), sich beim Gestikulieren aufplustern, mehr von sich sprechen oder gar durch aggressives Drohen imponieren und den Kampf ansagen wollen. Das ist nichts Neues. Von jeder Frau zigfach beobachtet und vermutlich auch oft selbst erlebt. Der Drang, Aufmerksamkeit auf sich zu ziehen, ist tendenziell bei Männern höher.

In allen meinen Seminaren ist es immer eine Analyse wert, wie Männer durch nonverbale Signale deutlich demonstrieren, wer »der Chef« ist. Auch die Medien liefern hierfür Anschauungsmaterial, wenn zum Beispiel der »große« Seehofer der »kleinen« Merkel in der Flüchtlingsdiskussion Drohgebärden von München nach Berlin schickt. Man kann sich leicht vorstellen, wie der belehrende Zeigefinger auch unbewusst schnell zur Faust werden kann.

Frauen sind aufgrund ihrer höheren Bereitschaft zur Kooperation weniger an Rangauseinandersetzungen interessiert. Die sind für sie einfach weniger sinnvoll und machen auch keinen Spaß. Evolutionär gesehen gab es für Frauen keinen bedeutsamen Anlass, eine spezifische Wettkampfmotivation auszuprägen. Das übernehmen bei den Primaten die Männchen, wenn sie, im Kampf um das Weibchen, versuchen, ihre Rivalen einzuschüchtern, zu vertreiben oder im Extremfall zu töten.

Die typische männliche Rangstruktur lässt sich als sogenannte Dominanzhierarchie bezeichnen. Und die ist primär machtorientiert. Imponieren und Einschüchtern sind ihre grundlegenden Strategien und sollen Angst erzeugen. Mit dem Ziel, dass der andere aufgibt und sich davonmacht. In reinen Männergruppen funktioniert dieses uralte Muster recht zuverlässig. Es ist vorhersehbar und damit für alle Männer ein für sie normaler Schritt auf dem Weg, die Machtverhältnisse zu klären.

Wenn nun aber Frauen Männer führen, wird es kritisch – weil sich die meisten Frauen dem alten Drohgebärdenmuster der Männer nicht anschließen können, noch es wirklich wollen. Es passt nicht zu ihnen, und sie spüren, dass ihr »Männerverhalten« von den Männern auch nicht ernst genommen werden würde. Wenn Frauen mit Drohgebärden arbeiten, welcher Art auch immer, werden sie von Männern meist nur milde belächelt. Außer die Männer wittern einen Beziehungsabbruch, den

Entzug der Liebe – dann steigt die Wahrscheinlichkeit des Einlenkens.

Zum Glück gibt es neben dieser typisch männlichen, weit in die Entstehungsgeschichte des Menschen zurückreichenden Drohstrategie noch eine andere. Es ist die sogenannte Geltungsstrategie, die es nur beim Menschen gibt. Sie beruht darauf, dass wir ein Ichbewusstsein ausbilden und Anerkennung und Lob als Steigerung unseres Selbstwerts erleben. Dadurch verschaffen wir uns Ansehen und Anerkennung. Evolutionär betrachtet, ist die Geltungsstrategie relativ jung. Sie beruht nicht auf Einschüchterung und Dominanz, sondern basiert darauf, dass sich der Führende die Anerkennung der anderen »erarbeitet«. Sie ist unter anderem auch eine der Grundlage für demokratische Gesellschaften.

In einer Metaanalyse zum Thema Führungsstilunterschiede zwischen Männern und Frauen wiesen Eagly und Johnson[*] bereits 1990 nach, dass Frauen stärker demokratisch führen und Männer eher eine Tendenz zum autokratischen Stil zeigen.

Da Frauen ihrer biologischen Dispositionen entsprechend weniger zur Dominanzhierarchie neigen, ist das Führen über die Geltungshierarchie der Stil, der am besten zu ihnen passt und sie glaubwürdig macht. Er ist anstrengender und verbietet die »Basta-Mentalität«.

Aufgrund der Aufgeklärtheit der Menschen in der heutigen, informationstechnologisch vernetzten Welt ist dieser Stil meines Erachtens der einzig zukunftsfähige.

Weil nicht der Stärkere führt, sondern der Beste, besser: die Beste. Reflektierte Menschen in aufgeklärten Ge-

---

[*] Alice H. Eagly, Blair T. Johnson: Gender and Leadership Style. A Meta-Analysis. Psychological Bulletin; 1990

sellschaften und modernen Firmen wollen beteiligt werden. Sie wollen verantwortungsvoll und möglichst transparent geführt werden. Autokraten haben auf längere Sicht keine Zukunft, weder in Politik noch Wirtschaft.

Alleinentscheidungen mit autokratischen Tendenzen führen schnell zum Widerstand. Diese Lektion musste Angela Merkel schmerzhaft erleben, als sie die Willkommenskultur nicht durch das Parlament legitimieren ließ. Nach dem Abflauen der ersten Euphorie kommt die Enttäuschung, und dann wird die Person und nicht das Gremium verantwortlich gemacht. So sind schon viele Führungskräfte gestürzt.

Die Ängste vor dem »Übermann« sollten unter Betrachtung all dieser Aspekte eigentlich überholt sein. Insbesondere weil klar ist, dass die Männerherrschaft bröckelt. Traurigerweise ist das männliche Dominanzstreben aber nach wie vor so stark, dass es auch vor Gewaltanwendung nicht haltmacht. Kein Wunder, dass noch immer Angst aufkommt.

Wer aber den Wind der Freiheit gespürt hat, lässt sich nicht mehr autokratisch führen. Ich kenne mittlerweile viele Frauen, die sich ganz zielgerichtet eine Chefin oder ein weibliches Umfeld suchen – oder ein eigenes Unternehmen gründen. Genährt von der Hoffnung, hier weniger Aggressionen erleben zu müssen. Dieses Vorgehen hat sicher seine Berechtigung. Ob es dann immer so eintritt, ist eine andere Frage.

Denn Konkurrenz und Missgunst unter Frauen sind ein ganz speziellesThema, das meines Erachtens viel zu selten thematisiert wird.

Weibliche Rivalität und Konkurrenz: wenn die Missgunst zuschlägt

Wenn eine Frau zur Realität durchdringt,
lernt sie ihren Zorn kennen, und das heißt,
sie ist bereit zu handeln.

Mary Daly, 1928–2010,
radikalfeministische amerikanische Philosophin
und Schriftstellerin

Frauen solidarisieren sich meist mit Frauen, wenn sie von Männern angegriffen werden. Das scheint einer dieser uralten »Reflexe« zu sein. Solidarisierung, um sich gegen die übermächtigen und in der Regel körperlich überlegenen Männer möglichst effizient oder eben so gut als möglich zu wehren.

Ob der Mann tatsächlich eine reale Gefahr darstellt oder nicht, spielt dabei keine entscheidende Rolle. Es wirkt fast so, als gebe es eine tief verwurzelte Solidarität unter den Geschlechtsgenossinnen, insbesondere dann, wenn sie sich bedroht fühlen.

Wenn Männer sich in einer kultivierten Diskussion (es geht nicht um Leib und Seele) befinden und zahlenmäßig unterlegen sind, haben sie meist eine schwere Partie vor sich. In dieser Situation können solidarische Frauen geradezu eine Bastion darstellen. Männliche Führungskräfte, die von vielen Mitarbeiterinnen umgeben sind, wissen, wovon ich spreche.

Gleichzeitig können Frauen untereinander vehement, aber auch verhältnismäßig subtil miteinander konkurrieren. Während Männer ihre Konkurrenz sichtbar und oft spürbar in offener Aggression austragen (»mit offenem Visier kämpfen«), agieren Frauen hier ganz anders.

Wie bereits betont, neigen Frauen signifikant weniger zu Gewalt, sie sind aber auch längst nicht so friedfertig, wie oft geglaubt wird. Geht es um die Beschreibung rivalisierender Frauen, findet die Presse gern Beispiele, die dem klassischen männlichen Konkurrenzmuster ensprechen, wie also Frauen sich direkt verbal oder anderweitig attackieren und »fertigmachen«. Das ist jedoch nicht die typische Form von Aggressivität, die unter Frauen herrscht.

Wie die psychologische Forschung, aber auch Beobachtungen im Alltag zeigen, tragen Frauen ihre Konkurrenz untereinander wesentlich tiefgründiger, versteckter, spitzfindiger, aber auch intelligenter aus. Die ebenso feinen wie diffizilen femininen Methoden funktionieren indirekter und sind für Männer oft nicht erkennbar, weil die dem einfachen Muster »fight or flight« folgen. Siegen oder verlieren: klar, eindeutig und offensichtlich.

Die eher typisch weibliche Form der Rivalisierung zeigt sich in der sogenannten Beziehungsaggression. Konkret sieht es so aus, dass ein Abbruch der Beziehung in Aussicht gestellt wird, wenn die andere Person einem nicht zu Willen ist. Hierbei handelt es sich um eine Form der Aggression mit eindeutig erpresserischem Charakter.

Schon bei Mädchen gibt es diese typischen Äußerungen wie: »Du bist nicht mehr meine beste Freundin«, oder: »Ich lade dich nicht mehr ein.«[*] Später können es dann solche Sätze sein wie: »Bisher waren Sie ja meine Lieblingsmitarbeiterin, aber nach dieser Sache …«, oder aber: »Ich muss mir noch einmal gut überlegen, ob Sie beim nächsten Projekt dabei sein können.«

[*] Doris Bischof-Köhler: Von Natur aus anders. Die Psychologie der Geschlechtsunterschiede; 2011

Der Ausschluss aus dem sozialen Gefüge, der Kontaktabbruch oder aber nur dessen Androhung wird von uns Menschen als besonders schmerzlich wahrgenommen und kann große Angst auslösen.

Wenn es um den Verlust der Anerkennung und die Verringerung der Geltung im beruflichen Kontext geht, ist diese Angst teilweise sehr ausgepägt und führt zu regelrechten Panikzuständen. Frauen, die ausgeschlossen werden, leiden noch mehr als Männer. Ausgeschlossenen Männern bietet sich zumindest noch die fatale Chance, zum einsamen Wolf zu werden, allerdings verbunden mit der Gefahr, als »Rächer« zu enden. Der Entzug von Macht, von Statussymbolen oder von Liebe oder aber das Gefühl der Erniedrigung hat schon manchen Mann im wahrsten Sinn des Wortes zum »Amokläufer« werden lassen.

Frauen, die aus der Gemeinschaft ausgeschlossen sind, fühlen sich extrem verletzt, schutzlos und häufig auch geächtet. Sie gehören nicht mehr zum sozialen Verband, zur Gruppe der Mädchen oder Frauen, zur Peergroup. Die Angst davor ist so groß, dass es viele Frauen gibt, die – nur um dazuzugehören – Dinge mit sich machen lassen, die Außenstehenden unbegreiflich sind.

Die Beziehungsaggression gehört zu den typisch menschlichen Errungenschaften und ist in dieser differenzierten Form im Tierreich nicht zu finden. Sie ist jedoch eindeutig ein Akt der subtilen Feindlichkeit und wird gern tabuisiert, auch um das Bild vom »friedfertigen« weiblichen Geschlecht aufrechtzuerhalten.

Evolutionstheoretisch muss man die Beziehungsaggression genau genommen als eine höhere Entwicklungsstufe betrachten, weil sie eine Analyse der wechselseitigen Beziehungen voraussetzt. In diesem Spektrum des Verhaltens sind die Frauen besser und deutlich geschickter als Männer. Die subtile – mütterliche – Ankündigung, die Beziehung zu beenden, der Liebesentzug, hat schon so manchem Jüngling ein Mama-Trauma beschert. Ich habe unzählige Männer behandelt, deren Beziehungsunfähigkeit auf die stets lauernde Angst vor einem Beziehungsabbruch, die Angst vor dem Verlassenwerden, zurückzuführen war.

Bezieht man diese Beziehungsaggressivität auf das Thema Konkurrenz unter Frauen, ergibt sich folgendes Szenario: Frauen hindern sich wahrscheinlich durchaus gegenseitig am Aufstieg, auch wenn das die bereits etablierten Frauennetzwerke gern vehement abstreiten. Man muss sich vor Augen halten: Auch erfolgreiche Frauen suchen aus nachvollziehbaren Gründen Anerkennung und streben nach Geltungsmacht. Deshalb müssen auch auf dem weiblichen Weg nach oben die Rivalinnen irgendwie beseitigt werden.

Da die männlichen Rang- und Unterordnungsmechanismen, sprich: sich in die Hierarchie einzusortieren und dies zu akzeptieren, nicht greifen, werden unter Frauen die Konkurrentinnen gern mal mittels der geschilderten Beziehungsaggression galant attackiert, abgewertet und vielleicht sogar ins soziale Abseits katapultiert. Bei Frauen bleibt es oft aus, eine Rangordnung zu etablieren und die auch durchzusetzen und beizubehalten.

Dieses Verhalten ging in die Literatur als das sogenannte »Crab-Basket«-Phänomen ein. Es ist das Bild vom offenen Krabbenkorb, in dem jede Krabbe nach oben will und dabei die anderen als »Treppenstufe« benutzt (die Konkurrentinnen wegschiebt). Mit der Konsequenz, dass in diesem Gewusel dann doch alle wieder unter der übermäßigen Last erbarmungslos zurückfallen.*

---

* H. Geym: Working together. Women and men. European Women's Management Development Network; 1987

So kommt es, dass Frauen behaupten, sie hätten lieber einen Chef. Da wüsste man wenigstens, woran man sei. Sogar das Wort »stutenbissig« wurde von einigen meiner Interviewteilnehmerinnen in den Mund genommen, um zu beschreiben, wie es mit der Konkurrenz unter Frauen im Berufsleben zugehen kann.

Alice Schwarzer, die Galionsfigur der deutschen Frauenbewegung, äußerte sich bereits vor über dreißig Jahren in der Zeitschrift *Emma* zu diesem wichtigen Punkt: »Sind Frauen die besseren Menschen? Nicht unbedingt. Sie sind nur ohnmächtig, und deshalb nimmt ihre Gewalt über andere meist psychologische Formen an.«[*]

Frauen meiden die direkte Gewalt. Ob sie deshalb die besseren Menschen sind, fragte sich auch die Journalistin Elisabeth Raether, eine Anhängerin des neuen Feminismus, in einem provokanten Artikel.[**] Sie behauptete frech, dass es den Frauen gelungen sei, sich das Image zu verleihen, empathischer zu sein und stets ein offenes Ohr für ihre Mitmenschen zu haben. Das sei jedoch alles nur Wunschdenken. Sie behauptet, durch die Stilisierung der Frau zu einem Wesen voller Reinheit und Güte seien sogar bei Richtern und Polizisten falsche Sensibilitäten entstanden, weshalb Frauen seltener verdächtigt und noch seltener verurteilt würden.

Um ihre Hypothese zu stützen, findet sie natürlich ausreichend viele bekannte Frauen, die mindestens so »schlimm« wie Männer sind. Als Beleg dienen ihr die Gattinnen von Despoten, wie Asma al-Assad, die Ehefrau des syrischen Diktators Baschar al-Assad, Elena Ceaușescu, die mit dem rumänischen KP-Chef Nicolae Ceaușescu verheiratet war, oder Margot Honecker, die

---

[*] Alice Schwarzer: Tabu Inzest. Das Verbrechen, über das niemand spricht. Emma; 05/1978

[**] Elisabeth Raether: Miss verstanden. Zeit-Magazin; 28.12.2013

vor kurzem verstorbene Witwe Erich Honeckers. Alles Mitläuferinnen, die sich nicht gegen das Regime des Ehegatten wehrten beziehungsweise wehren, aber eigene grausame Pläne verfolgten und Intrigen spannen und dies bis heute tun. Beate Zschäpe ergänzt ihre Palette um ein aktuelles deutsches Beispiel.

Mit einem Rundumschlag und einer einseitigen Auswahl von Statistiken stellt Elisabeth Raether Frauen hinsichtlich ihrer Bereitschaft, Böses zu tun, in die gleiche Kategorie wie Männer. Sie missachtet konsequent genetische und soziokulturelle Aspekte und führt keine wissenschaftlich fundierte Studie an. Und sie stellt die Frage, ob jemand die Hand dafür ins Feuer legen würde, dass die Welt besser wäre, wenn sie von Frauen bestimmt würde.

Ich würde es, ohne zu zögern, tun! Vielleicht wäre es keine Welt ohne Probleme, aber mit großer Wahrscheinlichkeit eine Welt mit weniger Gewalt. Ich weiß mich mit dieser Ansicht nicht allein. Eine umfassende Studie mit über sechzigtausend Befragten aus dreizehn Ländern offenbart, dass zwei Drittel der Befragten denken, die Welt wäre ein besserer Ort, wenn Männer wie Frauen denken würden.[*]

Frauen haben offensichtlich eine genetisch verankerte Bereitschaft, sich eher einem Mann unterzuordnen, der selbstbewusst und imposant auftritt. Das liegt daran, dass er – und das ist reine Biologie – als potenzieller Geschlechtspartner und damit auch als Versorger ihrer Kinder in Frage kommt.

Wie weit diese Bereitschaft zur Unterordnung gehen, ja sogar krankhafte Züge annehmen kann, habe ich in

[*]   John Gerzema, Michael D'Antonio: The Athina Doctrine; 2013

meinem Buch »Seelenscherben« anhand von Fallbei-
spielen aus meiner psychotherapeutischen Praxis aufgezeigt.*

Gebildete Frauen bleiben bei Männern, die sie schlagen – nur zum Wohl ihrer Kinder. Frauen von alkohol-
kranken Männern tolerieren Übergriffe – um ihre Kinder zu schützen.

Wenn diese – von der Suche nach einem optimalen
Versorger getrieben – Unterordnungsbereitschaft durch
soziokulturelle wie religiöse und damit gesellschaftlich
legitimierte abwertende Frauenbilder auch noch zementiert werden, ist es um die Freiheit der Frauen geschehen.
Es gibt nach wie vor zu viele Länder auf dieser Welt, in
denen genau dies geschieht.

Aber auch die Ursachen für die weibliche Rivalität liegen
letztendlich in biologischer Tiefe verborgen. Das wollen
Frauen nicht gern hören, weil es nicht in eine Welt passt,
in der den Frauen, hoch emanzipiert und scheinbar
gleichberechtigt, wie sie sind, doch alle Möglichkeiten
offenstehen.

Fakt aber ist, dass die feminine, meist feinsinnige Rivalisierung dazu dient, auf eine weniger körperlich gefähr-
liche Art Konkurrentinnen auszustechen, um sich einen
guten Genträger und den möglichst besten Versorger für
die eigenen Kinder zu sichern.

Deshalb werten Frauen die Nebenbuhlerinnen ab.
Dazu gehört auch, dass sie es geschickt beherrschen, ihre
optisch weiblichen Qualitäten ins rechte Licht zu rücken.
Dann können die Konkurrentinnen vor Neid nur noch
erblassen und die Männer vor lechzender Begierde den
Verstand verlieren.

---

* Werner Dopfer: Seelenscherben. Wenn die Normalität zerbricht; 2014

Zwei interessante Artikel von Anne Campbell[*, **] bringen diese tief im Stammhirn verwurzelten Triebkräfte sehr präzise auf den Punkt. Hunderttausende von Jahren im Überlebenskampf lassen sich durch ein paar tausend Jahre Zivilisation und Reifung der Vernunft nicht so schnell löschen. Deshalb wird der Chef gern und unbewusst umgarnt, wird mit der Chefin konkurriert – oder der Seminarleiter wird akzeptiert und die Seminarleiterin ignoriert. Das klingt absurd, ist aber wahr. Wir sind stärker von Hormonen gesteuert, als wir es akzeptieren wollen. Und wie wir alle wissen, sind Hormone durch Vernunft nicht immer zu besiegen.

Wenn wir uns aber diese versteckten Triebkräfte bewusst machen, haben wir eine Chance. Leider denken noch viel zu wenig Menschen über diese Phänomene nach. Das Wissen darüber wäre vorhanden. Die Entwicklung der bildgebenden Verfahren brachte hier weitreichende Durchbrüche. Es ist mit Hilfe dieser Methoden sichtbar geworden, welche Teile im Gehirn bei welchen Reizen aktiv werden. Auch die exakte Messbarkeit der hormonellen Veränderungen hat viele Wissenslücken geschlossen.

Wie differenziert derzeit geforscht wird, zeigt beispielhaft eine Studie der Universität Bern, wonach Frauen andere Frauen verstärkt als Konkurrentin empfinden, wenn bei der vermeintlichen Rivalin der Eisprung bevorsteht. Sie wittern förmlich instinktiv, wenn ihnen eine andere Frau bei der Partnersuche gefährlich werden könnte. Die Ursache – hormonelle Veränderungen![***]

* Anne Campbell: Staying alive. Evolution, culture and women's intrasexual aggression. Behavioral and Brain Sciences; 1999

** Anne Campbell: Female Competition: Causes, constraints, content and context. Behavioral and Brain Sciences; 2004

*** Matthias Texlitt: Woran Frauen ihre Rivalinnen erkennen. Süddeutsche Zeitung online; 31.01.2016

Sicher aufschlussreich wäre in diesem Zusammenhang auch, ob sie sich zu diesem Zeitpunkt gegenüber diesen als Rivalinnen identifizierten Frauen auch aggressiver verhalten. Eigentlich liegt das nahe.

Diese biologischen Prozesse und innere Rhythmen haben einen immensen und daher nicht zu unterschätzenden Einfluss auf unser Verhalten. Da es bei Führung natürlich oft auch um die Bewertung der Leistung von Mitarbeitern geht, müssen wir alle noch viel lernen, um solche Einflüsse auch nur annähernd zu begreifen. Sie komplett unter Kontrolle zu bekommen, halte ich für nahezu unmöglich. Aber sie zu kennen könnte neue Wege eröffnen.

Ein klassisches Beispiel: Attraktiven Menschen wird grundsätzlich mehr Kompetenz zugesprochen. Attraktive Straftäter erhalten bei gleichem Vergehen ein deutlich geringeres Strafmaß als weniger attraktive Personen. Körperliche Größe gilt bei Frauen immer noch als ein wesentliches Merkmal für die Partnerwahl. Logisch nicht erklärbar, aber psychologisch oder gar biologisch schon eher.*

Zur Illustration der spezifisch weiblichen Konkurrenzsituation möchte ich ein Beispiel anführen, das mich immer wieder fasziniert, weil die Sache – von außen betrachtet – eigentlich so offensichtlich ist.

Über viele Jahre beriet ich ein kleines mittelständisches Unternehmen, in dem nahezu ausschließlich Frauen beschäftigt waren. Nur eine Funktion war von einem Mann besetzt: die des Vorstands und Gründers dieser Firma. Der hohe Anteil an Mitarbeiterinnen erklärte sich aus

---

* Robert B. Cialdini: Die Psychologie des Überzeugens. Wie Sie sich selbst und Ihren Mitmenschen auf die Schliche kommen; 2013 der Tatsache, dass es ein Dienstleistungsunternehmen war.

In der Gründungsphase des Unternehmens waren es nur wenige Mitarbeiterinnen, die sich um den Chef gruppierten. Alle waren begeistert, man arbeitete engagiert im Team, jede bekam alles mit und hatte Kontakt mit dem Firmengründer. Eine Welle der Euphorie machte die Firma schnell erfolgreich. Zusätzliches Personal wurde benötigt und vom Chef eingestellt.

Als die Teamgröße mehr als achtzehn Mitarbeiterinnen betrug, wurde ich vom Vorstand als Organisationsberater konsultiert – mit dem Auftrag, den weiteren Entwicklungsprozess dieser Firma systematisch zu gestalten.

Nach einer eingehenden Analyse schlug ich vor, eine Hierarchieebene einzuführen, um seine Führungsspanne und die damit einhergehende zeitliche Belastung zu reduzieren. Damit begann ein Problem.

Vom Chef wurden die aus seiner Sicht zur Führung fähigsten zwei Mitarbeiterinnen ausgewählt und in eine Teamleiterfunktion gehoben. Diese beiden wurden aber von den anderen Mitarbeiterinnen nicht als Chefinnen akzeptiert. Enorme Intrigen wurden gesponnen, die beiden wurden als Leitungskräfte ignoriert, ja sogar sabotiert. Die übrigen Mitarbeiterinnen wollten weiter direkt an den Chef berichten. Sie wollten keine der ihren als Vorgesetzte.

In mehreren Teamentwicklungs-Workshops hatte ich die interessante Gelegenheit, das Konkurrenzverhalten der Damen aus nächster Nähe und auf engstem Raum zu betrachten. Viele der Redebeiträge der neuen Chefinnen wurden ignoriert. In den Pausen wurden sie gemieden.

Eine der beiden war eine sehr attraktive Dame, intelligent, gut ausgebildet, sprachlich versiert, modisch gekleidet, und sie war jünger als die meisten ihrer Mitarbeiterinnen. Die Blicke, denen sie ausgesetzt war, hätte ich gern gefilmt. Es war ein unbewusst getriebenes, außerordentlich kritisch-abschätzendes Mustern. Seit der Übernahme der Teamleitungsfunktion hatte diese neue Chefin, soweit ich feststellen konnte, bislang keine groben Fehler begangen. Sie war nur Chefin geworden und hatte damit ein wenig mehr Einfluss bekommen.

Allein durch ihre hierarchische Sonderfunktion wurden diese beiden Teamleiterinnen als besondere Konkurrentinnen gesehen. Sie waren näher am Chef dran, und schon nahm das Spiel der weiblichen Rivalisierung seinen Lauf.

Immer wenn der Chef zu den Veranstaltungen hinzukam, war von dieser Konkurrenz nichts mehr zu spüren. Die Mitarbeiterinnen solidarisierten sich plötzlich und traten gegen ihn auf, weil sie gewisse Aufträge nicht für sinnvoll erachteten. Die Teamleiterinnen standen zwischen den beiden Parteien. Was sollten sie tun? Vorgaben von oben, Widerstand von unten.

Sie hatten Angst, alleine dazustehen und zwischen den Fronten zerrieben zu werden. Die Situation eskalierte. Der Chef war verärgert, durchblickte das ganze Geschehen noch nicht und wollte sich zurückziehen. In den Pausen gingen einige Mitarbeiterinnen zu ihm und versuchten ihn zu beschwichtigen – beziehungsweise sich selbst wieder in ein kooperatives Licht zu rücken. Es ging – psychodynamisch gesehen – zu wie in einer außer Kontrolle geratenen Selbsthilfegruppe.

Dann fasste ich mir ein Herz und brachte das Geschehene zur Sprache, indem ich einen Themenblock »Frauen, Konkurrenz und Macht. Was hat das mit uns zu tun?« auf die Agenda setzte.

Der Widerstand, der nun kam, richtete sich gegen mich! Nach dem Motto, so etwas kann doch nur einem Mann einfallen! Es war nicht einfach, der »weiblichen Übermacht« standzuhalten. Dennoch gelang es mir, meine konkreten Beobachtungen zu schildern. Dabei versuchte ich, mit einer Portion Humor versehen, das ganze Konkurrenzphänomen als menschlich und normal darzustellen. Damit gelang es mir, ein wenig die Verkrampfung zu lösen und vor allem die gezeigten Verhaltensmuster bewusst zu machen.

Keine der Damen und auch nicht der Chef hatten sich bis zu diesem Zeitpunkt mit diesen unbewussten Taktgebern ihrer Motivation und ihres Verhaltens auseinandergesetzt.

Frauen und Macht, oder:
»Macht mit Charme«

Für die Frau bedeutet Liebe Macht,
für den Mann Unterwerfung.

Esther Vilar, geb. 1935,
Schriftstellerin

Das Zitat der deutsch-argentinischen Autorin klingt zunächst paradox. Wie kann Liebe Macht sein? Liebe wird doch üblicherweise als selbstlose intensive Zuneigung zu einer anderen Person verstanden. Liebe kann aber auch eingesetzt werden, um ein Ziel zu erreichen. Sie wird sehr wohl zur Macht, wenn Liebesentzug droht, den man nur durch Anpassung oder gar Unterwerfung abwenden kann.

Bevor ich jedoch auf diese Instrumentalisierung der Liebe eingehen möchte, lohnt es sich, das Thema Macht unvoreingenommen zu beleuchten.

Ausgangspunkt ist eine Feststellung des Philosophen Friedrich Nietzsche: »Leben ist Wille zur Macht.«

Lässt man die dunklen Assoziationen (Ego, Status, Herrschaft, Diktatur), die besonders in Deutschland mit dem Begriff der Macht verknüpft sind, außer Acht und versucht Macht positiv zu definieren, gewinnt diese Aussage Nietzsches eine überraschende Bedeutung.

Macht im positiven Sinn bedeutet, seine Freiheit zu vergrößern, unabhängiger über sein Leben zu bestimmen und dieses zu gestalten. Sie schafft die Möglichkeit, die eigenen Ziele zu verwirklichen, auch wenn es Widerstände oder gar Niederlagen geben sollte. Und Macht schließt ein, seine Vorhaben gegen Angriffe behaupten und verteidigen zu können.*

Die helle Seite der Macht ist also die Möglichkeit, selbstbestimmt zu gestalten.

Der britische Philosoph Thomas Hobbes (1588–1679) definierte das menschliche Streben nach Macht noch grundlegender, indem er sagte: »Ich halte es für eine allgemeine Neigung des Menschen, ein immerwährendes und rastloses Verlangen nach ständig neuer Macht zu haben, das erst mit dem Tode erlischt.«

Mehr und mehr Frauen haben die Chance, in wichtige Funktionen zu gelangen. Dann säßen sie an den Schaltstellen der Macht und könnten wirtschaftlich und politisch Einfluss nehmen. Dass sie dazu besonders befähigt sind, habe ich ausgeführt und belegt. Somit stellt sich aber die Frage, wie das neue Machtpotenzial zu nutzen und mit den weiblichen Signaturen zu versehen ist. Dazu ist es aus meiner Sicht sinnvoll, die unterschiedlichen geschlechterspezifischen Strategien zum Erlangen von Macht ein wenig genauer unter die Lupe zu nehmen.

Bei Männern geht es bei der Ausübung von Macht primär darum, die eigenen Interessen durchzusetzen. Dabei gehen sie eher aggressiv und ganz offen wettbewerbsorientiert vor. Die Forschung bezeichnet diese Form der Machtausübung als egoistische Dominanz.

Frauen hingegen üben ihre Macht schwerpunktmäßig im Sinn der prosozialen Dominanz aus. Was bedeutet das? Sie machen Vorschläge und bieten Vorgehensweisen an, die auch dem anderen dienlich sein könnten. Damit bringen sie sich als Expertinnen mit Kompetenz und

---

*   Michael Paschen, Erich Dihsmaier: Psychologie der Menschenführung. Wie Sie Führungsstärke und Autorität entwickeln; 2011

Durchblick in Stellung, die auch bereit sind, Hilfe und Wohlergehen anzubieten, natürlich nur unter der Bedingung, dass das Gegenüber bereit ist, sich unterzuordnen oder mitzumachen. Dies ist eine etwas subtilere Form der Machtausübung, sie arbeitet mit verdeckten Manövern, die viel Gutes bewirken können, aber auch ihre ethischen Grenzen haben, wenn Intrigen, indirekte Erpressung, soziale Ignoranz, Verführung und Ähnliches ins Spiel kommen.

Eine Variante davon heißt: »Ich helfe dir, aber nur, wenn du dich anpasst oder dankbar bist.« Das ist eine beliebte, weiblich versteckte Form des Machtkampfs. Sie ist oft getarnt mit einem betont humanistischen Menschenbild.

Die prosoziale Dominanz verführt auch zur sogenannten Opferhaltung, die bei Frauen nicht selten anzutreffen ist, frei nach der Devise: »Ich habe doch alles für dich getan, und jetzt lässt du mich im Stich.« Dadurch entsteht Enttäuschung.

Ich habe eine Menge weiblicher Führungskräfte beraten, die sich »aufopferten« bis zur totalen Erschöpfung. Erst nach einer umfassenden Selbstreflexion gelang es ihnen zu erkennen, dass diese Form der Machtsicherung auch sehr selbstschädigend sein kann. Für sie stellte Macht oft etwas Verwerfliches dar, und sie trauten sich deshalb nicht, klar zu formulieren, was sie wollten und was nicht.

Frauen konkurrieren stärker mit Frauen als mit Männern, ganz unabhängig vom kulturellen Hintergrund. Wie bereits gezeigt, unterscheidet sich dieses Konkurrieren vom Verhalten der gewaltbereiteren Männer. John Tierney vergleicht dieses Rivalisieren mit einem kalten Krieg, weil die Aggression indirekt und im Verborgenen abläuft. Deutlich stärker unter Beschuss kämen die attraktiven Konkurrentinnen, weil über sie besonders stark gelästert wird.*

Wer über weibliches Machtverhalten nachdenkt, begibt sich auf dünnes Eis. Noch bis vor ein paar Jahren stieß die Behauptung, Frauen könnten einander sogar behindern oder gar sabotieren, auf vehementen Widerspruch. Zunächst im Rahmen des feministischen Kampfes gegen die übermächtigen Männer und in der Folge durch die – höchst überfällige – Frauenförderungspolitik wurde dieser Aspekt der weiblichen Psyche kollektiv verdrängt. Keiner wollte darüber sprechen, dass Frauen teilweise stärker als Männer dazu neigen, weibliche Führungskräfte zu diskriminieren.**

Dazu gehört die Erkenntnis, dass Frauen ihre Netzwerke viel zu wenig pflegen oder sich gar keine schaffen, weil ja bessere und engagiertere Frauen dabei sein könnten. Das fürchten Frauen, weshalb sie das konsequente Knüpfen von engen Beziehungsnetzwerken vermeiden. Schließlich hat es für frau etwas Besonderes, im Männergremium die Einzige zu sein.

Viele Männer – weil in ihrer einfach strukturierten und egoistischen Dominanz gefangen und in der Berufswelt bisher Frauen nicht gewohnt – kommen mit dieser Form der weiblichen machtsichernden Einflussnahme außerordentlich schwer zurecht. Sie fühlen sich manipuliert, ein wenig ausgetrickst und in eine Abhängigkeit gebracht. Das kennt man vom Buddy-Verhalten nicht. Unter Männern steht man zusammen, egal was kommt.

---

* John Tierney: A Cold War Fought by Women. New York Times; 18.11. 2013
** Susan Pinker: Das Geschlechter-Paradox. Über begabte Mädchen, schwierige Jungs und den wahren Unterschied zwischen Männern und Frauen. Übersetzung: Maren Klostermann. © 2008, Deutsche Verlags-Anstalt, München, in der Verlagsgruppe Random House GmbH

Frauen, die Männer führen wollen, müssen sich also der besonderen Form ihrer Machtausübung, der »Macht der weiblichen Raffinesse«, sehr bewusst sein und sie dosiert einsetzen. Wenn sie dies nicht tun, werden sie von den Männern unter Umständen als »durchtrieben und hinterlistig« wahrgenommen.

Für Frauen in Führungspositionen kann es erforderlich sein, sich in Konflikte zu begeben, sich zu reiben, anzuecken und ein eigenes »Profil« zu schaffen. Frauen in unserem Kulturkreis wird dabei nichts wirklich Schlimmes passieren. Diese Zeiten sind zum Glück vorbei. Die Angst vorm Ausgeschlossensein muss jede Führungskraft auch mal aushalten können – egal ob Frau oder Mann.

Viele Rituale, Mechanismen und männliche »Dominanzgebärden« in der üblichen maskulinen Managementkultur schrecken Frauen leider häufig ab. Sie durchschauen zwar dieses Verhalten, finden es jedoch »albern« oder verstehen die psychologische Bedeutung nicht und tendieren dann dazu, diese Konkurrenzsituationen zu vermeiden.

Auch ihre Suche nach Harmonie und Konsens wird von den Männern als »typisch weiblich« interpretiert, und dann wollen »die Herren der Schöpfung« natürlich zeigen, wer der »Herr im Haus ist« und wie man so richtig »durchmanagt«. Das nennt man dann »Impression-Management«.[*]

Der Ruf nach dem »starken Mann« ist insbesondere in Krisensituationen eine typische Reaktion. Abwägen und die Suche nach Alternativen wird von vielen Männern als »diplomatisches Geschwätz« oder »weibliches Harmo-

---

[*] Erving Goffman: Wir alle spielen Theater. Die Selbstdarstellung im Alltag; 2003

niegesülze« abgetan, obwohl es – wie die Historie zeigt – meist die sinnvollere Herangehensweise ist.

Die Spitzenmanagerin Marianne Heiß schreibt in ihrem schon zitierten Buch *Yes She Can:* »Macht hat bei Frauen und Männern einen unterschiedlichen Stellenwert: Der Umgang mit Macht ist geschlechterspezifisch. Auch die Art und Weise der Machtgewinnung ist zwischen Mann und Frau verschieden. Während Frauen sich an den sozialen Normen und der Hierarchie orientieren, findet man unter Männern oftmals Seilschaften vor, die eine ›Hausmacht‹ aufbauen, die sich weder an den Strukturen noch an der Akzeptanz von Experten durch Wissens- oder Fähigkeitsvorsprung orientiert.«[*]

Der Mut, eine Funktion einzunehmen und damit einhergehend auch die »Macht« und die Verantwortung innezuhaben, Entscheidungsprozesse zu beeinflussen, die Unternehmenskultur zu gestalten, Beziehungen zu definieren, dieser Mut wird von Frauen eindeutig noch zu selten aufgebracht. Wirkliche Macht ist dabei unabhängig von Statussymbolen. Wirkliche Macht setzt eine reife und selbstreflektierte Persönlichkeit voraus. Eine Persönlichkeit, die es versteht, soziale und kommunikative Prozesse zu betrachten und außerdem ein Höchstmaß an bekanntem Wissen zu integrieren und zu vernetzen. Und vor allem: sich durch Drohgebärden nicht beeindrucken zu lassen oder gar den Fehler zu machen, selbst mit Drohszenarien zu reagieren.

Führende Frauen sind gemäß meiner Beobachtung deutlich selbstreflektierter als Männer. Sie hinterfragen sich und ihr Handeln, auch wenn sie es oftmals zu oft und zu

[*] Marianne Heiß: Yes She Can. Die Zukunft des Managements ist weiblich; 2011

intensiv tun. Wie wir bereits gesehen haben, sind Frauen bescheidener in der Einschätzung ihrer eigenen Fähigkeiten. Sie neigen darüber hinaus dazu, sich selbst immer wieder zu stark in Frage zu stellen. Das ist praktisch der Gegenpol zur Selbstüberschätzung vieler Männer. Sie geben sich zu still und gehen unter, weil der »Machtkampf« abschreckend auf sie wirkt. »Alphatier-Gerangel« stößt Frauen noch immer sehr ab.

Nur wer beeinflussen möchte – und Einflussnahme ist ein wesentlicher Teil von Führung –, wird aus der zweiten Reihe hervortreten müssen!

Bereits vor mehreren Jahren äußerten sich zum Thema »Frauen und Macht« im *Brigitte*-Interview[*] mehrere mächtige und einflußreiche Frauen.

Die Ministerin Ursula von der Leyen bekannte: »Mein Credo ist, dass die Menschen, die Macht haben, sich täglich neu über ihre Grundhaltungen bewusst werden. Mit Klugheit und Weisheit sich um die Erkenntnis zu bemühen, was richtig, also menschen- und sachgerecht ist. Mir ist es wichtig, das Richtige dann auch mit Mut und Standfestigkeit in der richtigen Art und Weise zu tun … Positiv an Macht ist die Möglichkeit, die eigene Welt mitzugestalten und Dinge wirklich zu verändern … Frauen gehen stiller und unauffälliger mit Macht um als Männer …«

Die Journalistin Maybrit Illner stellte fest: »Macht heißt Verantwortung tragen, egal ob's schiefgeht. Im Erfolgsfall wird man mit einem Glücksgefühl honoriert, wenn man vernünftige Ideen durchsetzt, eine gute Sache vorantreibt, Menschen hilft. Verantwortung trägt man auch für den Misserfolg, mit dem man schon mal allein bleiben kann. Macht ist kein Wert an sich und per se auch kein Vergnügen. Es kommt – wie bei Beton – darauf an,

[*] www.brigitte.de/frauen/frauen-und-macht; abgerufen am 18.08.2015

was man draus macht: eine Mauer oder eine Sprung-schanze.«

Dabei haben Frauen naturgegeben alles, was es braucht, um mit Macht verantwortungsvoll umzugehen. Sie hören besser zu, sie sind aufmerksamer und zeigen Interesse, sie begegnen ihrem Gegenüber kooperativ und auf Augenhöhe und können mit Charme überzeugen. Ihre oftmals charmante und meist soziale Art ist ihr Kapital.[*] Wenn es ihnen gelingt, sich treu zu bleiben, diese Fähigkeiten zu pflegen und selbstbewusst wie auch bestimmt einzusetzen, werden sie in der Business- und (Noch-)Männerwelt Erfolg haben.

Sie können getrost auf die Simulation des »harten« Männergehabes verzichten, um sich durchzusetzen. Sie sollten sich aber auch der Gefahren und Verlockungen der »weiblichen Machtstrategien« bewusst sein. Diese einfach zu verharmlosen wäre nicht fair. Oft können sich hinter Fürsorglichkeit und weiblicher Eleganz auch korrupte Pläne und Agenden verbergen. Das ist verlockend, zumal viele Frauen in den höheren Etagen gelernt haben, subtil vorzugehen, um ihre Vorstellungen zu realisieren. Nicht alle Frauen sind (imagegerecht) sanftmütig, genauso wenig wie alle Männer (imagemäßig) gewalttätig sind.

Gelingt es Frauen jedoch, über ihren Schatten zu springen und Lob und Komplimente zu verteilen, können sie von einem Mann alles bekommen, weil sie damit auf galante und charmante Art seine stets vorhandene Sehnsucht, »ein toller Kerl« zu sein, erfüllen. Das soll sogar im Haushalt funktionieren. Wenn Männer gelobt werden, sinken sie freiwillig in den Staub, behauptet der Journalist Christian Mayer schmunzelnd.[**]

[*] Anja Reiter: Charme als Kapital. Süddeutsche Zeitung; 25./26.02.2012
[**] Christian Mayer: Helden wie wir. Süddeutsche Zeitung; 25.03.2016

Eventuell ist es sogar möglich, ihn von seinem »Mama-Trauma« zu befreien, dem übermächtigen Bild von der ständig bestimmenden und stets manipulierenden Frau.

Damit wären wir bei einer veränderten Führungskultur, die am Anfang ein wenig ungewohnt, gar illusionär erscheinen könnte, aber letztendlich Macht mit Charme kombiniert. In einer globalisierten und zunehmend menschendichteren Welt ist das eine emotionale Sprungschanze zu einem neuen Selbstverständnis im Miteinander.

Mit der folgenden Fallgeschichte will ich zeigen, dass die erfolgreiche Umsetzung dieser einzigartigen und erfolgversprechenden femininen Fähigkeiten möglich ist und in der Praxis funktioniert.

Vor einigen Jahren wurde ich von einer renommierten Professorin angerufen, die mich um die Begleitung einer Organisationsveränderung in ihrer Hochschule und in ihrem Institut bat. Es ging um die Zusammenlegung zweier Forschungsinstitute. Ausgangslage war die Pensionierung eines angesehenen Institutsleiters vom »alten Stil«, egozentrisch, wenig präsent, autoritär, aber wissenschaftlich versiert.

Frau M. leitete ihr Institut mit über siebzig Mitarbeitern seit mehreren Jahren erfolgreich und war international angesehen. Dennoch: Eine Institutszusammenlegung hatte sie noch nie erlebt, geschweige denn in eigener Verantwortung durchgeführt. Deshalb fühlte sie sich unsicher.

Allein dies zuzugeben war etwas Besonderes. Männer in solchen Funktionen stürzen sich gleich mal ins Abenteuer und probieren es irgendwie selbst aus. Das habe ich hundertfach erlebt. Von Männern wird man als Berater erst dann geholt, wenn eine Sache im Argen liegt und sie nicht mehr weiterwissen.

Frau M. aber war frei von Allmachtsphantasien und traute sich, sich schon am Anfang Unterstützung und Rat zu holen.

In mehreren Einzelcoachingsitzungen vermittelte sie mir ihre Vorstellungen von einem neuen Institut. Wir diskutierten die erforderlichen Strukturveränderungen. Bei der Auswahl ihrer Führungskräfte gab sie sich große Mühe, die Anforderungen und Fähigkeiten der Mitarbeiter in Einklang zu bringen und bei der Besetzung der Funktionen entsprechend zu berücksichtigen. Dabei stellte sie auch fest, dass sie sich von einem langjährigen Mitarbeiter würde trennen müssen.

Nachdem die Grundstruktur stand, führten wir mehrere Fusionsworkshops durch, in denen die neue Führungsmannschaft in die Verantwortung genommen wurde. Sie ging immer sehr persönlich und außerordentlich wertschätzend mit ihren Mitarbeitern um, ohne dabei »bemutternd« zu wirken. Es gelang Frau M., eine Atmosphäre der Kooperation und der Klarheit zu schaffen. Ihre Intuition half ihr dabei, die Stimmungen im Team zu erfassen.

Als die Trennung von dem Mitarbeiter bevorstand, umarmte sie ihn vor allen, lobte ihn ganz explizit und dankte ihm für die lange Zusammenarbeit.

Wie ihr Verhalten und ihr Umgang mit der Macht auf die Mitarbeiter wirkte, verdeutlichte die Aussage einer ihrer männlichen Führungskräfte, der im Anschluss eines Workshops zu mir kam und sagte: »Ich bin tief beeindruckt von dieser aufrichtigen Wertschätzung, so etwas habe ich noch nie erlebt. Das hätte es beim alten Chef nicht gegeben!«

Sie war sich ihrer Machtstellung voll bewusst, verzichtete jedoch darauf, dies direkt oder indirekt demonstrieren zu müssen. Das Ziel stand für sie im Mittelpunkt, nicht das

Wetteifern. Sie wollte eine Kulturveränderung erreichen
und nicht ihre Macht zementieren.
Als ich sie auf meine Beobachtungen ansprach, sagte sie:
»Die Zeit der großen alten Männer ist vorbei!«

Einmal mehr wurde mir klar: Frauen sind insgesamt einfach vernünftiger als Männer. Sie lassen sich weniger dazu hinreißen, irgendetwas Unsinniges zu tun. Sie haben ihre Impulse stärker unter Kontrolle. Für sie ist es weniger bedeutsam zu dominieren. Sie sehen vor allem das Ganze. Sie achten mehr auf die Befindlichkeiten anderer. Ihre innere Haltung ist kooperativer. Sie kalkulieren das Risiko im Vorfeld ihres Handelns und erfüllen damit aus meiner Sicht ein wesentliches Kriterium für Führungskräfte.

Die Zukunft der Führung: der »Meta-Gender«-Führungsstil

Der führende Mensch:
Dämon oder Engel?

In der Welt ist im Grunde des Guten so viel wie des Bösen;
weil aber niemand leicht das Gute erdenkt, dagegen jedermann
sich einen großen Spaß macht, was Böses zu erfinden und zu
glauben, so gibt es der favorablen Neuigkeiten so viel.

Johann Wolfgang von Goethe,
1749–1832

Betrachtet man die Berichte der Presse über führende
Menschen in Wirtschaft und Politik, könnte man regel-
recht den Eindruck gewinnen, es gäbe nur noch Psychopathen und macht- und geldgierige Kriminelle, die unser
Leben bestimmen. Korrupte Manager, selbstverliebte
Politiker und grausame Staatenlenker scheinen der Nor-
malfall zu sein. Haben wir überwiegend »Dämonen« in
mächtigen Funktionen? Es scheint, als wären um uns
herum schwerpunktmäßig Personen, die die Sicherheit
und den Frieden unserer Welt gefährden. Das Fernsehen,
die Zeitungen und das Internet nähren diesen Eindruck
mit einer nicht enden wollenden Flut menschlicher Tra-
gödien, verursacht durch katastrophales (männliches)
Management. Ich hoffe nicht, dass sich nach der bisherigen Lektüre dieses Buchs und des geschilderten überaus
dramatischen Fehlverhaltens der Männer dieser Eindruck verfestigt hat.

Denn in der Öffentlichkeit wird viel zu wenig auf diejenigen geachtet, die ihren Führungsjob verantwortungs-
bewusst erledigen und selten in den Medien erscheinen.
»Engel« sind für die Massenmedien naturgemäß lang-

weilig und daher ungeeignet für große Schlagzeilen. Aus meiner mehr als zwanzigjährigen Erfahrung als Führungskräftecoach kann ich bestätigen, dass es sehr viele Menschen in Führungsfunktionen gibt, die ihre Aufgabe pflichtbewusst, umsichtig und verantwortungsvoll wahrnehmen. Ich behaupte, ohne zu zögern, dass es die Mehrheit ist. Wenn das nicht so wäre, würde überall Anarchie herrschen.

Aber wir sollten uns immer wieder vor Augen führen, dass kein Mensch nur böse oder nur gut ist. Die Pathologisierung des führenden Menschen in einen verrückten Psychopathen oder die Idealisierung zum edlen, stets moralisch einwandfrei handelnden Ritter entspricht eher unseren Wünschen denn der Realität.

Sowohl in der Beratung wie auch in Therapien habe ich zigfach den schmalen Grat gesehen, auf dem Menschen balancieren müssen. Da fällt mir der leitende Polizeibeamte ein, der seine Kinder schlägt, oder die Managerin, die es nicht unterließ, auf Businessreisen in den Hotels Handtücher zu klauen. Das waren beides Führungskräfte, die einen hohen Anspruch an sich selbst und an ihre berufliche Verantwortung stellten. Dennoch hatten beide auch eine dunkle Seite.

Uns fällt es schwer, diese Verhaltensweisen zu akzeptieren. Sieht man die ganze Sache evolutionär, verändert sich der getrübte Blick. Früher sicherte Aggression unser Überleben und war daher sehr elementar für die erfolgreiche Entwicklung des Homo sapiens. Wir mussten erst lernen, sie zu zähmen.

Das ist in Ansätzen gut gelungen, aber kaum greifen innerpsychische oder sozial gegebene Kontrollmechanismen nicht mehr, sieht es ganz anders aus. Menschen, die solide ausgebildet sind, fangen an zu betrügen, wenn sie glauben, ihr Ziel nicht auf eine sozialverträgliche

Weise zu erreichen. Wir kennen das aus den Fernsehnachrichten: Menschen, die nie gestohlen haben, nehmen beispielsweise an Plünderungen teil, sobald chaotische Zustände und das Zusammenbrechen der öffentlichen Ordnung Anonymität gewähren.

Die forensische Psychiaterin Nahlah Saimeh geht so weit zu behaupten, dass jeder der Gefahr unterliegt, unter gewissen Rahmenbedingungen zu töten.[*]

Das weltweit bekannte Stanford-Prison-Experiment, ein Meilenstein der psychologischen Forschung, hat eindeutig bewiesen, was passieren kann, wenn Menschen zufällig in »Wächter« und »Häftlinge« aufgeteilt werden. Normale Menschen verwandeln sich aufgrund ihrer Funktion und spezifischer Rahmenbedingungen (Waffenbesitz, Uniform etc.) in brutale, sadistische Wärter oder emotional gebrochene Gefangene.[**]

Warum sollte es also unter Führungskräften anders zugehen? Aufgrund der Macht, die sie besitzen, sind die Konsequenzen sogar meist umfassender und daher sichtbarer. Sie können die Systeme der Hierarchie und Dominanz einsetzen, um primär ihre persönlichen Ziele zu verfolgen. Die massenhafte Entlassung von Mitarbeitern aufgrund von Misswirtschaft bei gleichzeitig enorm hohen eigenen Boni ist ein Beispiel, das wir alle kennen. Ganz zu schweigen von der Anordnung von Massenhinrichtungen durch Militärs oder durch Staatsoberhäupter verordnete Genozide.

Die Autorität, die Funktion, die Macht und nicht zuletzt das gezielte Schaffen von Konkurrenten oder gar Feindbildern verleitet dazu, alles tun zu können, nach

[*]   Nahlah Saimeh: Jeder kann zum Mörder werden. Wahre Fälle einer forensischen Psychiaterin; 2012
[**] Philip Zimbardo: Der Luzifer-Effekt. Die Macht der Umstände und die Psychologie des Bösen; 2008

oben offen. Wenn dazu ergänzend das Geschlecht männlich und die individuelle Lebensgeschichte ungünstig ist, steigt die Wahrscheinlichkeit für Unterdrückung und Gewalt. Das ist leider ein Faktum, unstrittig und hinreichend belegt.

Beim Versuch, uns aus der Falle des »Dämon oder Engel«-Bildes zu lösen und uns zu fragen, was »gesunde« Menschen ausmacht, liefert der Psychiater Robert I. Simon wertvolle Anhaltspunkte, indem er schreibt: »Psychisch gesunde Menschen lieben und akzeptieren sich selbst. Sie sind nicht über Gebühr von der Anerkennung anderer abhängig und werden durch Kritik von anderen Menschen nicht über Gebühr verletzt ... Ein anderes Maß für die psychische Gesundheit ist das Vorhandensein von Werten und Normen.«[*]

Für Führungskräfte sind diese Aspekte entscheidend. Egal ob Mann oder Frau, sie sollten sich die Frage stellen, warum sie führen wollen, was sie antreibt, welche (auch) geschlechterspezifischen Motive sie veranlassen, eine solche Funktion anzustreben, und vor allem, ob diese Aufgaben auch zu ihnen passen.

Psychisch gesunde Führungskräfte sind in der Lage, die dunkle Seite des Menschseins zu betrachten. Sie sind keine Illusionisten, aber auch keine Schwarzmaler. Sie stellen sich ihren inneren wie auch interpersonellen Konflikten. Sie kennen und akzeptieren ihre zügellosen Begierden oder gar antisozialen Impulse. Es gelingt ihnen, diese zu reflektieren, ohne dabei in Verzweiflung zu geraten. Sie können unterscheiden zwischen Realität und Phantasie. Sie denken erst und handeln dann. Und vor allem: Sie suchen bei Enttäuschungen keine »Sündenböcke« und verzichten auf »Rachefeldzüge«.

[*] Robert I. Simon: Die dunkle Seite der Seele. Psychologie des Bösen; 2011

Solche Führungskräfte sind in der Lage, Fehler zu verzeihen, und suchen Schritte zur Wiedergutmachung. Sie kennen ihre eigenen Schwächen und sind fähig, Fehler zuzugeben und sich dafür zu entschuldigen. Sie tricksen nicht, weil sie sich selbst nicht für klüger halten als alle anderen. Sie sind fähig zu Mitgefühl, können aber auch den nötigen Abstand wahren. Für sie sind soziologische, historische, kulturelle und religiöse Einflüsse, aber auch das Geschlecht wichtige Größen im Leben eines Menschen, die sie nicht einfach ignorieren, sondern aufgreifen, schätzen und damit adäquat umgehen.

Sie sind sich der kriminellen Energien und der Tötungsbereitschaft des Menschen bewusst, sehen aber auch die menschliche Fähigkeit zu großer Güte und Hilfsbereitschaft. Vertrauen bauen sie auf und wissen gleichzeitig, wie fragil dieses sein kann. Lebensgeschichtlich betrachtet, haben psychisch gesunde Führungskräfte positive Elternfiguren verinnerlicht, die Stärke und Halt vermitteln konnten, insbesondere in kritischen Phasen des Lebens. Ihre Eltern waren weder tyrannische, übergriffige Väter und hilflose, sich selbst bemitleidende Mütter, die ihren Kindern mit direkter oder indirekter Gewalt Traumata zufügen. Solche Menschen sind innerlich beweglich, es gelingt ihnen, die Perspektive zu wechseln und sich auch für andere Dinge im Leben zu interessieren als ausschließlich für ihre Arbeit. Konkurrenz spornt sie an, sie mögen die Zusammenarbeit und betrachten andere als Partner. Sie können träumen, aber stehen doch mit beiden Füßen auf dem Boden.

Immer wenn ich mit Führungskräften arbeite, beleuchte ich deren individuelle Lebensgeschichte ganz besonders. Das ist mir deshalb so wichtig, weil die Forschung eindeutig gezeigt hat, dass Menschen, die in ihrer Vergangenheit (oft in der Kindheit) im weitesten Sinn missbraucht, misshandelt, ausgeschlossen, verachtet und unangemessen bestraft wurden, ein deutlich erhöhtes Risiko haben, ihr Erlebtes zu wiederholen, indem sie es selbst ausüben. Daraus entsteht ein Teufelskreis. Wenn dieser im Bereich der Führung ausagiert wird, ist die Katastrophe oft vorprogrammiert.

Liebende und fürsorgliche Eltern, die ihren Kinder Autonomie geben, die Einsicht fördern, Vertrauen fördern und gute Vorbilder sind, können als »kleiner Garant« für eine positive Grundhaltung gelten.

Abgesehen von den skizzierten kritischen oder gar den psychopathologischen Fällen, können sich Menschen zu adäquaten und selbstreflektierten Führungskräften entwickeln. Vor dem Hintergrund der gesichteten und beschriebenen Faktoren ist das für Männer allerdings ein schwierigerer Prozess als für Frauen.

Das autoritäre und machtorientierte Führungsverständnis der Vergangenheit hat zunehmend ausgedient, weshalb jetzt eher die Stunde der Frauen schlägt. Zumindest wenn wir die westliche, demokratisch orientierte Welt betrachten. Tief erschreckend ist es jedoch, wenn Vertreter von Fanatismus, Hass, Gewalt und Terror Zulauf haben, weil hier das alte hypermaskuline Rollenstereotyp von unnachgiebiger Härte und gnadenloser Unerschrockenheit noch immer zelebriert oder erfolgreich reanimiert wird.

Oder wenn in einer tief verwurzelten Machokultur wie Brasilien das korrupte männliche Netzwerk der Abgeordneten so stark ist, um Präsidentin Dima Rousseff aus dem Amt treiben zu können. Trotz der Tatsache, dass nichts wirklich Belastendes gegen sie vorliegt.[*]

---

[*] Jens Glüsing: Die Unbeugsame. Der Spiegel; 17/2016

Wenn Frauen sich dem typischen Führungsverhalten der Männer anpassen, halte ich das weder für zielführend noch für praktikabel. Dass Männer plötzlich umsichtig und sanft agieren und dabei ihre Männlichkeit verlieren, ebenso.

Daher wage ich den Schritt, einen neuen Führungsstil zu propagieren, den ich im abschließenden Kapitel darstelle.

Das Beste von beiden Geschlechtern in einer Person

Wir alle brauchen Ideale, Vorbilder, Ziele,
an denen wir uns orientieren, nach deren Verwirklichung wir
streben können. Ohne sie sind wir einem Gefühl der Leere
ausgesetzt, und das lebendige Interesse an den Dingen der
Welt und an unseren Mitmenschen geht verloren.

Margarete Mitscherlich-Nielsen, 1917–2012,
Psychoanalytikerin, Ärztin, Autorin

Ein von mir außerordentlich geschätzter Supervisor legte mir vor sehr vielen Jahren Folgendes nahe: »Wenn du als Berater oder Therapeut mit einer Frau zu tun hast, kommt sie nicht umhin, dich entweder als Vater oder als potenziellen Geschlechtspartner und möglichen Versorger für ihre Kinder zu betrachten …«

Damals verstand ich die tiefere Bedeutung dieser Aussage noch nicht. Im Studium waren wir zu Neutralität und Objektivität förmlich erzogen worden. Und dann eine solche Trivialität hinsichtlich der komplexen psychologischen menschlichen Begegnung? Der vernunftbegabte Mensch des späten 20. Jahrhunderts sollte doch mittlerweile gelernt haben, über diesen niedrigen primatenhaften Motiven zu stehen.

Nach Jahrzehnten der Erfahrung in der Arbeit mit Menschen und unzähligen Begegnungen in Beratung, Training und Therapie mit Frauen kann ich heute nachvollziehen, was jener Supervisor mit seiner Aussage meinte.

Ihm war schon damals sehr klar, wie stark die biologischen Komponenten in uns verankert sind und unser

Verhalten determinieren. Auch wenn zu dieser Zeit die Meinung vorherrschte, dass die evolutionsbiologisch bedingten Besonderheiten der Geschlechter überholt seien und für den modernen Menschen der Industriegesellschaft (und den damit verbundenen Lebensumständen) keine Rolle mehr spielten, hatte er den Mut, etwas Grundlegendes anzusprechen.

Er konnte noch nichts wissen von den zukünftigen bahnbrechenden Erkenntnissen der Forschung, die eindeutig beweisen, dass die ewig lange und langsame Evolutionsgeschichte sich nicht durch ein paar tausend Jahre Zivilisation einfach ausblenden lässt.

Die Analyse der aktuellen Forschung zeigt, dass die Entwicklung des geschlechtstypischen Verhaltens in kontinuierlicher Auseinandersetzung mit der Familie und der Gesellschaft geschieht. Es basiert jedoch stärker als früher angenommen auf biologischen Determinanten. Daraus eine unikausale Verursachung von geschlechterspezifischem Verhalten abzuleiten wäre falsch. Dennoch ist die Wirkung von pränatalen Hormonen und die daraus sich entwickelnden Verhaltenspräferenzen unstrittig.

Daher zeigen Männer in der Regel kein verstärktes Interesse, feminine Züge zu entwickeln. Frauen tun sich – in der Regel ebenso – extrem schwer, maskuline Züge überzeugend zu realisieren. Außer, und das habe ich dargestellt, sie bekommen entsprechende weibliche oder männliche Hormone zugeführt.

Ich habe in meiner Arbeit mit Führungskräften versucht, diese Tatsachen zu akzeptieren und ihnen Rechnung zu tragen. Schließlich ist es ja nicht so, dass man das Geschlecht und die dazugehörigen tief verankerten Verhaltenspräferenzen einfach per Knopfdruck ein- und ausschalten kann. Einstellungs- und Verhaltensänderungen sind eine langwierige und aufwendige Herausforderung, vor allem weil biologische Aspekte eine Rolle spielen. Auch bei gesellschaftlichen, kulturellen und religiösen Verhaltensmustern ist es nicht leicht, sich vom Gelernten zu befreien.

Es gibt keine menschliche Begegnung, die ohne diese Einflüsse stattfindet, egal ob im beruflichen oder privaten Kontext. Es geht immer um irgendeine Form von Einflussnahme, und daher spielen die grundlegenden Dimensionen – Dominanz und Unterordnung, Nähe und Distanz – stets eine Rolle. Das ist vielen Menschen nicht bewusst. Sie spüren es, können es jedoch nicht benennen.

Viele Ratgeber, die auf dem Buchmarkt in Umlauf sind, ignorieren die genannten Aspekte meist komplett. Sie behaupten diesen Erkenntnissen zum Trotz, dass jeder alles machen könne, wenn er nur möchte. Das führt häufig zu Überforderung, Enttäuschung oder gar dauerhafter Frustration. Geschlechterspezifische Betrachtungen und darauf basierende Verhaltensmodifikationen sind in diesem Segment eher die Ausnahme.

Ich habe versucht, in den ersten beiden Teilen dieses Buchs die Besonderheiten von Frauen und Männern und ihre Bedeutung für das Führen aufzuzeigen und vor allem zu begründen, warum das so ist. Ohne diesen Schritt ist die Beschreibung des »Meta-Gender«-Führungsstils nicht nachvollziehbar. Dieser Führungsstil kann nur dann mit Erfolg praktiziert werden, wenn er sich den grundlegend unterschiedlichen Präferenzen von Mann und Frau bewusst ist. Im Klartext: Nur wenn ich weiß, wie die Geschlechter tendenziell agieren und reagieren, besteht die Möglichkeit, situativ adäquat zu führen.[*]

---

[*] Christina Trinidad, Anthony H. Norore: Leadership and Gender. A dangerous liasion? Leadership & Organization; 2004

Die verschiedenen Perspektiven verstehen zu können ist eine enorme Herausforderung, weil wir doch stark von der Sicht des eigenen Geschlechts beeinflusst oder gar beeinträchtigt sind. Sie sind ein stark färbender Hintergrund, fast eine Art Hintergrundmusik für unsere Wahrnehmung und Bewertung der Dinge und menschlichen Interaktionen. Es gibt die geschlechtliche Identität (engl. gender), die stark sozial erlernt ist, und das biologische Geschlecht (engl. sex), das genetisch determiniert ist. Diese Differenzierung halte ich für künstlich, weil letztendlich beides, in dem, wie wir uns verhalten, zusammenspielt.

Ich will dazu beitragen, diese geschlechterspezifischen Besonderheiten zu verstehen.

Schon Jungen reagieren nicht gern auf die Anweisungen von Mädchen. Sie ignorieren sie oder wehren sich sogar gegen die Erziehungsbemühungen weiblicher Erwachsener, während sie auf gleichaltrige Jungen und den Vater oder den Lehrer eher hören.*

Wenn schon Jungen sich so verhalten, warum sollten sie es dann als erwachsene Männer nicht tun? Warum sollten sie sich plötzlich von umsichtigen Frauen etwas sagen lassen, wenn sie doch eigentlich nur ihr Spiel weiterspielen wollen?

Zu einem neuen Führungsstil kommt es aus meiner Sicht nur, wenn sich die Männer ihres Verhaltens bewusst werden und die führenden Frauen das Verhalten der Männer verstehen können. Das gilt natürlich auch umgekehrt. Ob jeder der widerspenstigen Männer ein Mama-Trauma hat, sei dahingestellt. Vermutlich ist es nicht so. Dass

---

* Doris Bischof-Köhler: Von Natur aus anders. Die Psychologie der Geschlechtsunterschiede; 2011

die Mutter jedoch für Mädchen und Jungen die bevorzugte »Sicherheitsquelle« ist und damit die Quelle des Überlebens darstellt, kann überzeugend belegt werden. Ohne Mutter können wir nicht, sie trägt uns aus, sie nährt uns, sie pflegt uns und ist die Grundlage unseres emotionalen Platzes in dieser Welt.

Das Weibliche wirklich wertzuschätzen ist die Aufgabe der Männer, speziell wenn es um Führung geht. Daher habe ich bei der Entwicklung des neuen Führungsstils, den ich »Meta-Gender«-Führungsstil nenne, darauf geachtet, die beiden typischen geschlechterspezifischen Stile nicht auszublenden. Eine Darstellung im Sinn der Polaritäten, aber auch im Sinn der Klarheit scheint mir sogar besonders wichtig zu sein. So haben Führungskräfte oder Menschen, die sich mit dem Thema Führungsstil befassen, die Möglichkeit, sich auch selbst einzuordnen.

Meta-Gender habe ich diese Art zu führen deshalb genannt, weil sie für mich die Fähigkeit und Weitsicht symbolisieren soll, auch »über« – meta – den Geschlechtern zu stehen. Die »Führungssituation« aus der Meta-Perspektive betrachten zu können, um dann in der entsprechenden Führungssituation reflektiert – und der geschlechtertypischen Neigungen und Gefahren bewusst – bestmöglich entscheiden und agieren zu können.

Der eher »typisch männliche« Führungsstil	Der Meta-Gender-Führungsstil	Der eher »typisch weibliche« Führungsstil
wettkampforientiert und aggressiv	von transparenten Interessen geleitet	kooperativ und kompromissbereit
direkt und offen rivalisierend	Grenzen definierend	verdeckt rivalisierend
egoistisch dominant	das Wohl aller Beteiligten betrachtend	prosozial dominant

fokussiert auf ein Thema	das Ganze im Fokus	das Ganze im Fokus
risikofreudig	situativ risiko-abwägend	risikovermeidend
analog denkend	ganzheitlich vernetzt denkend	vernetzt denkend
nach hierarchischer Macht strebend	nach Verantwortung strebend	nach Verantwortung strebend
impulsgetrieben und konfliktbereit	reflektiert und konfliktkompetent	zurückhaltend und konfliktvermeidend
selbstüberschätzend	selbstbewusst, eigene Stärken und Schwächen kennend	selbstunterschätzend
trickreich wagemutig	solide und aufwand-gerecht	perfektionistisch genau
rational technisch	sach- und beziehungsorientiert	empathisch mitfühlend
distanziert, autonom	sozial interessiert, mit gutem Gespür für die Bedürfnisse anderer	nähesuchend
bestimmend	lösungsorientiert	anpassend
beschützend	beschützend und werteorientiert	umsorgend fürsorglich
aktiv explorativ	interessiert an realen Chancen	zögernd pflegend
interessiert an Unternehmungen	interessiert an sinnvollen Zielen und nachhaltigen Vorhaben	interessiert an sozialen Interaktionen

Es ist völlig unstrittig, dass die Entwicklung eines individuellen Führungsstils naturgemäß stark von persönlichen Lernerfahrungen, der Persönlichkeitsstruktur, aber auch von den Systembedingungen (Kultur, Marktbedingungen etc.) abhängt. Dennoch ist es nach meinen Erfahrungen lohnend, den geschlechterspezifischen Aspekt deutlich herauszuarbeiten und in der Gegenüberstellung prägnant darzustellen. Ich glaube, dass durch die Gegenüberstellung zum einen die Vorteile, zum anderen auch die Nachteile gut sichtbar werden. Ein reiferer, gelassenerer Umgang mit geschlechtertypischen Verhaltenspräferenzen scheint mir so leichter möglich. Zumindest erlebe ich es so, wenn in der Paartherapie oder in Seminaren dieses Thema auf der Agenda steht. Und das tut es meist. Es ist ein Grundthema des Miteinanders und der Führung, wie das folgende Beispiel verdeutlicht.

Herr K. ist 47 Jahre alt und seit gut 20 Jahren als Führungskraft in verschiedenen Unternehmen der Banken- und Versicherungsbranche tätig. Er ist groß, hat volles blondes Haar und ein sehr einnehmendes Lachen. Seine tiefe und sehr angenehme Stimme unterstreicht die Bedeutsamkeit seiner Aussagen.
Sein Werdegang klingt eindrucksvoll und außerordentlich stringent. Er studierte Volkswirtschaft und bewarb sich anschließend bei einer großen Bank. Im Auswahlverfahren überzeugte er alle und wurde unmittelbar als Assistent des Vorstandes eingesetzt. Die nächsten Jahre »marschierte« er praktisch durch die Hierarchieebenen: Teamleiter, Abteilungsleiter, Bereichsleiter. Es ging »kontinuierlich nach oben«, wie er sich ausdrückte.
Als die Option, in den Vorstand aufzurücken, im Raum stand, entschied er sich jedoch für eine Veränderung. Herr K. stand auf der Liste verschiedener Headhunter, und ihm wurde ein Angebot unterbreitet, das er, wie er sagte, »nicht ablehnen« konnte. So wechselte er das Unternehmen und auch den Arbeitsort, was bedeutete, fortan eine Fernbeziehung zu führen. Er war seit vielen Jahren verheiratet, und seine Ehe bezeichnete er als gut und solide.
Nach dem Unternehmenswechsel begann seine Irritation. Es war anstrengender, als er vermutet hatte. Er war

nun in der obersten Hierarchieebene angekommen, und die männliche Konkurrenz zeigte sich noch ein wenig härter, schließlich ging es jetzt immer um Millionen oder – im Rahmen der Bankenkrise – gar um Milliarden. Damit konnte er jedoch ganz gut umgehen. Das war sein Metier, und er wusste meist, was zu tun war.

Ihn verunsicherte ein ganz anderes Thema: Von seinen insgesamt neun Führungskräften, die er als Vorstand zu führen hatte, waren sechs Frauen. Von diesen verhielten sich, so seine Aussage, »einige sehr sonderbar« ihm gegenüber. Er konnte dieses Verhalten nicht einordnen und fragte sich, was er tun könne. Nachdem er noch kein Netzwerk im neuen Unternehmen hatte, entschied er sich, Beratung bei einem Coach zu suchen. So erfuhr ich von der Geschichte.

Als ich ihn zum ersten Mal sah, war ich sehr von ihm angetan. Er überzeugte nicht nur durch seine angenehme äußere Erscheinung, sondern drückte sich auch präzise aus. Er sprach über seine momentane Irritation und Hilflosigkeit und machte kein Hehl daraus, dass er schlicht und ergreifend nicht wusste, wie er das Verhalten einiger seiner weiblichen Mitarbeiterinnen deuten solle. Selbstreflektiert stellte er sich die Frage, ob er etwas falsch gemacht habe.

Ich stellte ihm in einer der Folgesitzungen die Frage, ob er überhaupt wisse, wie interessant und attraktiv er als Mann in seiner Position und mit seinem Aussehen auf Frauen wirken könnte. Er schüttelte den Kopf und meinte, dass er sich darüber noch nie großartig Gedanken gemacht habe. Er sei schließlich schon sehr lange glücklich verheiratet. Seine Frau kenne er seit dem Studium, und er liebe sie nach wie vor.

Dass seine Mitarbeiterinnen ihn als Mann und nicht nur als Vorgesetzten sehen könnten, war außerhalb seines In-

terpretationsspielraums gewesen. Er wurde erst durch unseren gemeinsamen Perspektivenwechsel auf diese »banale Tatsache« aufmerksam gemacht. Damit gelang es ihm, das Verhalten seiner Mitarbeiterinnen »mit anderen Augen« zu sehen. Er konnte das bislang in seinen Augen »sonderbare Verhalten« der Mitarbeiterinnen als ein überaus spannendes Element der Begegnung zwischen Mann und Frau interpretieren und sich dieses »sonderbare Verhalten« erklären: die bewundernden Blicke, die Suche nach seiner Nähe und die rivalisierende Konkurrenz der Frauen untereinander. Plötzlich hatte er ein neues Bild von der Situation.

Ich erläuterte ihm auch einige der in diesem Buch angeführten Forschungsergebnisse, die ihn sehr überraschten. Am Ende der Beratung sagte er zu mir: »Ich hätte nie gedacht, das das heutzutage noch eine Rolle spielt!«

Diese oder ähnliche Aussagen höre ich häufig von Klienten und Seminarteilnehmern. Natürlich sind sich alle darüber einig, das es Unterscheide zwischen den Geschlechtern gibt. Inwieweit diese aber eine sehr wichtige Rolle beim Führen spielen, wird ausgeblendet. Es gilt als nicht legitim, darüber zu sprechen. Das liegt vermutlich auch primär daran, »dass die Vertreter der zurzeit stark geförderten Gender Studies hartnäckig versuchen, jeglichen Unterschied zwischen Mann und Frau wegzudiskutieren« wie Christoph Weber schreibt[*] und grundsätzliche Unterschiede ausschließlich als »Produkte der Gesellschaft« abtäten.

Menschen fühlen sich nun mal als Mann oder als Frau und haben tendenziell unterschiedliche Präferenzen wie ausführlich dargestellt. Von Menschen mit unklarer Ge-

---

[*] Christoph Weber: Krampfzone. Süddeutsche Zeitung; 16./17.04.2016

schlechtsidentität mal abgesehen. Alles andere ist zigfach widerlegte Theorie.

Derzeit berate ich eine fünfunddreißigjährige Frau, die zum ersten Mal in eine Führungsfunktion kommt. Sie ist in der Computerindustrie tätig, die stark männerlastig ist und sich daher momentan der Frauenförderung besonders annimmt. Diese Dame soll fünfzehn Männer führen, allesamt Programmierer oder Vertriebsmitarbeiter. Über die ganzen Projektionen, die sie abbekommen wird, wie auch den Widerstand, mit dem zu rechnen ist, hat sie sich noch keine Gedanken gemacht. Sie absolvierte einige Führungsseminare, aber dieses Thema wurde – wie so häufig – einfach nicht angesprochen, und so wurde sie vonseiten der Firma in dieser Hinsicht ins kalte Wasser geworfen. Zu mir kam sie ursprünglich wegen eines privaten Themas: massive Ehekonflikte. Probleme mit dem Mann an ihrer Seite und dazu eine »Männertruppe« als Mitarbeiter im Job, dachte ich mir. Das kann ja »heiter« werden.

Der Prozess läuft, und es wird vermutlich richtig spannend, weil sie auch noch eine besondere Lebensgeschichte hat. Ihr Vater hatte während ihrer Kindheit wiederholt mit Selbstmord gedroht, weil die Mutter nicht so wollte, wie er es sich vorgestellt hatte.

Entsprechend all diesen Erfahrungen mache ich den Meta-Gender-Stil – inklusive persönlichen Abgleich zum typisch weiblichen oder typisch männlichen Stil – in meinen Seminaren, Führungskräfte- und Managementcoachings mittlerweile zum Thema. Das löst wunderbare, intensive und sehr konstruktive Diskussionen aus, die helfen, die Realität ohne Vorurteile und vor allem ohne Verurteilung wahrzunehmen. Das zeigt: Es ist ohne weiteres möglich, eine differenzierte Betrachtung der

Unterschiede und ihrer Qualitäten vorzunehmen. Für viele Führungskräfte ist es eine Erleichterung, die wissenschaftlich belegten Unterschiede ins Kalkül zu nehmen und etwas sichtbar zu machen, was sie immer schon gespürt haben. Es gelingt ihnen, sich selbst abzugleichen und letztendlich das Beste aus beiden Geschlechtern nutzbar zu machen.

Neben dem Unterschied zwischen den Geschlechtern gibt es natürlich auch enorme Unterschiede innerhalb der Geschlechter. Auch hier bietet der Meta-Gender-Stil eine Orientierung für eine neue Art, zu managen und zu führen, entsprechend den aktuellen Herausforderungen in der Berufswelt.

Umsichtige Führung ist gefragt. Dieser Stil, gekennzeichnet durch das bewusste und situationsadäquate Einsetzen von weiblichen und männlichen Elementen, bietet dafür eine wertvolle Basis.

Wenn wir die oben gezeigte Gegenüberstellung von männlichen und weiblichen Stilen betrachten, sind Frauen näher am Meta-Gender-Stil. Für die Männer ist es ein größerer Schritt dorthin. Aber er ist wichtig, weil ich davon ausgehe, dass es nicht die beste Lösung ist, wenn die Zukunft der Arbeitswelt ausschließlich weiblich ist.[*] Die Würdigung weiblicher wie auch männlicher Präferenzen und vor allem die reflektierte und dosierte Anwendung derer sind meines Erachtens das Erfolgsmodell!

---

[*]   Christine Funken: Warum die Zukunft der Arbeitswelt weiblich ist; 2016

Ausklang

Man soll es machen wie die Seeleute: nicht versuchen,
Wind und Meer zu ändern, sondern die Segel zu richten.

Teles von Megara, 3. Jh. v. Chr.,
griechischer Philosoph

Für den Leser: Männer sollten mit einem sehr kritischen
Blick auf die Kräfte blicken, die sie einengen und in ihren
Potenzialen beschränken. Eventuell können ihnen die
Frauen dabei helfen, auch weil sie, psychisch gesehen, in
der menschlichen Evolution schon einen Schritt weiter
sind.

Für die Leserin: Männer können nicht wie Frauen sein.
Wenn Sie sie professionell führen wollen, ist ein Verständnis für die Seltsamkeiten der männlichen Seele un-
erlässlich.

Seien Sie darüber hinaus aber achtsam, und übernehmen Sie nicht unreflektiert männliche Verhaltensweisen.
Die bringen Sie eventuell ganz nach oben, machen Sie auf
Dauer jedoch unzufrieden, weil sie nicht Ihren weiblichen Bedürfnissen entsprechen.

Wie verrückt Männer manchmal sein können, vor allem,
welche absurden Begründungen sie für ihr Handeln anführen, illustriert die nachfolgende Geschichte, die ich
im Buch von Susan Pinker las und so witzig fand, dass
ich sie zum Ausklang hier exakt mit ihren Worten wie-
dergeben möchte:

»Zu den Vertretern einer bedingungslosen Risikobereitschaft gehört der Darwin-Award-Gewinner Larry
Walters, ein ehemaliger Lkw-Fahrer aus Los Angeles, der
beschloss, dass er seinen Kindheitstraum vom Fliegen
verwirklichen wollte. Nachdem er von seinem Garten
aus die Düsenjets am Himmel beobachtet hatte, entwi-
ckelte er einen Plan. Er kaufte fünfundvierzig Wetterbal-
lons aus dem Restbestand eines Army- und Navy-Lagers,
befestigte sie an einem Gartenstuhl und füllte die Ballons,
die einen Durchmesser von je eineinhalb Metern hatten,
mit Helium. Er rüstete sich mit Sandwiches, Bier und einer Schrotflinte aus und schnallte sich selbst im Stuhl fest.
Der Plan bestand darin, etwa zehn Meter über seinen
Garten aufzusteigen, da oben eine Weile zu schweben,
die Aussicht und ein Bier zu genießen, um dann einige
der Ballons mit seiner Schrotflinte zu zerschießen und
wieder zu Boden zu sinken.

Als seine Freunde das Seil durchschnitten, mit dem
der Gartenstuhl an einem Jeep befestigt war, schwebte
Larry nicht langsam auf eine Höhe von zehn Metern em-
por. Vielmehr schoss er dank der Antriebskraft der fünfundvierzig mit je neunhundertdreiundvierzig Liter Helium gefüllten Ballons wie eine Kanonenkugel in den
Himmel von Los Angeles. Sein Aufstieg endete nicht bei
dreißig Metern und auch nicht bei dreihundert Metern.
Er stieg höher und höher und pendelte sich schließlich
auf einer Flughöhe von viertausendachthundert Metern
ein. Auf dieser Höhe schien es Larry zu riskant, auf die
Ballons zu schießen, weil er fürchtete, die Ladung aus
dem Gleichgewicht zu bringen und sich echte Probleme
einzuhandeln.

Also blieb er, wo er war, ließ sich mehrere Stunden
lang mit seinem Bier und seinen Sandwiches treiben und
überdachte seine Möglichkeiten. Zwischendurch querte

er mit seinem Stuhl die Haupteinflugschneise des Luftraums über dem Flughafen von L.A., und Piloten von Delta und TransWorld Airlines gaben per Funk ungläubige Berichte über den merkwürdigen Anblick durch. Schließlich brachte Larry den Mut auf, einige der Ballons zu zerschießen, und sank langsam durch den Nachthimmel herab. Die Halteseile verhedderten sich in einem Stromkabel, was in einer angrenzenden Gemeinde zu einem totalen Stromausfall führte. Larry gelang es schließlich, unversehrt aus seinem Stuhl zu klettern, und wurde am Boden bereits von einigen Polizisten erwartet und verhaftet. Als er in Handschellen abgeführt wurde, fragte ihn ein an den Ort entsandter Reporter, der über die kühne Rettungsaktion berichten sollte, warum er das gemacht habe. ›Ein Mann kann nicht einfach nur rumsitzen‹, antwortete er nonchalant.«[*]

So sind Männer!

Sie suchen sich teilweise irrsinnige Herausforderungen, sie kämpfen, sie tricksen, sie lügen, sie sind schon als Kind hibbelig, sie vergleichen sich in den absurdesten Disziplinen und bleiben irgendwie immer Jungen. Sie versuchen, logisch und vernünftig zu sein, aber kaum kommt der Sex ins Spiel, ist jedes gute Vorhaben beim Teufel. Sie schaffen Hervorragendes und sind mutige Beschützer, lösen aber auch die größten Katastrophen aus. Frauen wirklich zu verstehen fällt ihnen unsagbar schwer. Deshalb »mauern« sie oft.

Frauen hingegen sind vernünftig!

Schon als Mädchen sind sie vorsichtiger und umsichti-

[*]   Susan Pinker: Das Geschlechter-Paradox. Über begabte Mädchen, schwierige Jungs und den wahren Unterschied zwischen Männern und Frauen. Übersetzung: Maren Klostermann. © 2008, Deutsche Verlags-Anstalt, München, in der Verlagsgruppe Random House GmbH

ger. Sie zerstören wenig, sie lärmen weniger, sie sind gehorsam, und sie sprechen intensiv über ihre Gefühle. Sie können verstehen, wie es anderen geht, sie tun sich jedoch schwer zu akzeptieren, dass Männer so unvernünftig sind. So versuchen sie den Mann zu ändern. Die Mutter beginnt, die Lehrerin macht weiter, die Partnerin setzt es fort. Wenn dann eine Chefin kommt und den Mann zu lenken versucht, zu disziplinieren, im Zaum zu halten, kann es sehr schwierig werden. Mütter, die drei Söhne zu Hause haben oder Chefin in einem Männerteam sind, wissen, was sich meine.

Zwei Experten auf dem Gebiet der Organisationsberatung, Klaus Doppler und Christoph Lauterburg, schreiben dazu: »Und sicher ist dies: Es ist nicht nur für Frauen schwierig, sich in einer Männerwelt zu behaupten. Es ist auch für Männer nicht einfach, sich auf gleichwertige Partnerinnen im Arbeitsfeld einzustellen. Etwa auf eine fähige Kollegin, die alle Gebote kollegialer Konkurrenzrituale missachtet und ihre Energie voll in die gestellte Aufgabe und in die Kooperation mit anderen investiert. Plötzlich eine tüchtige Frau als Chefin zu haben ist erst recht kein Zuckerschlecken. Und wenn es der Zufall will, dass sie auch noch eine gewisse Attraktivität besitzt, muss manch einer sein Verhaltensrepertoire erst einmal gründlich sortieren, bevor er wieder handlungsfähig wird.«[*]

Dieses Buch ist der Versuch, dazu beizutragen, mit den grundlegenden Unterschieden zwischen Mann und Frau im Leben, im Berufsleben und insbesondere in Führungssituationen besser zurechtzukommen. Das setzt

---

[*]   Klaus Doppler, Christoph Lauterburg: Change Management. Den Unternehmenswandel gestalten; 2006

nach meiner Erfahrung voraus, zu akzeptieren, dass sich evolutionsbiologische Entwicklungen nicht im selben Tempo wie gesellschaftliche Maßstäbe ändern lassen. Die Gene verlieren trotz neuer Rahmenbedingungen ihren Einfluss nicht.

Die Genforschung produziert Tag für Tag neue Erkenntnisse. Fünfzig Prozent dessen, was letzendlich unsere Persönlichkeit ausmacht, sind nach dem aktuellen Forschungsstand auf unsere genetische Ausstattung zurückzuführen.*

Wissenschaftliche Erkenntnisse über den Menschen basieren auf Untersuchungen unterschiedlichster Art. Es werden hochkomplexe Experimente durchgeführt, Fremd- und Selbsteinschätzungen erfasst, Beobachtungen im Alltag angestellt, Hormone und Gene analysiert, Gehirndurchblutungen nach Reizdarbietungen in bildgebenden Verfahren dargestellt, individuelle Lebensgeschichten interpretiert und vieles mehr. Die Ergebnisse spiegeln meist Tendenzen wider, die statistisch ermittelt wurden. Das schließt aber nicht aus, dass es auch immer Ausnahmen geben kann.

Bei aller Objektivität, deren sich solide Forschung verpflichtet fühlt, ist sie auch gewissen Richtungen unterworfen. Diese sind dem jeweiligen Fachgebiet und seiner primären Sicht der Dinge geschuldet. Des Weiteren gibt es gesellschaftliche Strömungen, manches wird gefördert, manches, weil gerade nicht opportun, ignoriert. Nicht zuletzt entwickelt sich die Wissenschaft zum Glück kontinuierlich weiter. Was vor fünfundzwanzig Jahren noch als bahnbrechende Erkenntnis galt, kann mit neuen Methoden vielleicht widerlegt werden.

* Gerhard Roth: Persönlichkeit, Entscheidung und Verhalten. Warum es so schwierig ist, sich und andere zu ändern; 2015

Wenn man wissenschaftlich arbeitet, sind die biologischen Geschlechtsunterschiede nicht zu leugnen. Diese bestimmen, stärker als lange vermutet, schon unser Verhalten als Säugling und Kleinkind, unsere Pubertät, unsere Präferenzen bei der Partner- und sogar Berufswahl und letztendlich auch unser Führungsverhalten.

Ein detailliertes Verständnis der Unterschiede zwischen Männern und Frauen zeigt auf, welches Geschlecht auf welchen Gebieten Stärken hat, wo aber auch Schwächen oder gar Gefahren lauern. Damit ergeben sich sehr konkrete und vor allem realistische Ansätze, wo wir mit unseren Veränderungsbestrebungen ansetzen können.

In unserer Lebenswelt – damit meine ich freiheitliche und in jeder Hinsicht gleichberechtigt ausgerichtete Gesellschaften – haben Männer und Frauen die gleichen Chancen. Insofern ist es sinnvoll, die Geschlechterunterschiede nüchterner und realistischer und nicht ideologisch verzerrt zu betrachten. In dieser Hinsicht bin ich optimistisch. Ich erlebe mehr und mehr Menschen, die sich ihrer geschlechterspezifischen Neigungen bewusst sind, dazu stehen und für sich einen Weg finden, der diesen Neigungen entspricht. Typische Karriereschemata und unrealistische Erwartungen und Verhaltensweisen haben damit ausgedient. Nur wenn ich mir meiner selbst bewusst bin, und dazu gehört die Akzeptanz meiner geschlechtstypisch prädisponierten Verhaltenstendenzen wie auch meine persönliche Biographie mit all ihren Einflüssen und Lernerfahrungen, kann ich mein Leben so gestalten, dass ich mir individuelles Glück gönne, aber auch zum Wohl der Gesellschaft beitrage.

In diesem Sinne möchte ich Ihnen einen meiner Leitsätze mit auf den Weg geben: »Wer führt, muss wissen, was ihn antreibt!« Damit meine ich die Führung anderer, aber auch die Selbstführung.

Dank

Mein Dank gilt – wie immer – in erster Linie den Menschen, die sich in all den vielen Jahren hilfesuchend an mich gewandt haben. Ich durfte sie ein Stück auf ihrem Lebensweg begleiten, sei es als Berater oder als Therapeut, und ich hoffe, dass ich meiner Verantwortung gerecht geworden bin.

Des Weiteren möchte ich Doris Bischof-Köhler und Susan Pinker danken. Sie haben mit ihren phantastischen und (weiblich) perfekten Recherchen, aber auch mit langem Atem ihr Wissen in Büchern zur Verfügung gestellt und mich dadurch ermutigt, meine Thesen (männlich) fokussiert zu formulieren.

Meinen Praktikantinnen Eva Kreis und Marc Sascha Migge danke ich für ihre wertvolle Unterstützung bei der Literaturrecherche und der Durchführung der Interviews, die zur wesentlichen Grundlage meiner Ausführungen wurden.

Allen Führungskräften, die an den Interviews teilgenommen haben und bereitwillig Auskunft gegeben haben, danke ich ebenso.

Ein besonderer Dank gebührt meinen Berufskollegen Bettina Mombauer und Gerd Schachtl für die Durchsicht des Manuskripts und die fachlich versierten Anregungen.

Nicht zuletzt danke ich der Verlagsgruppe Droemer Knaur, insbesondere Margit Ketterle und Jürgen Bolz, die an mich als Autor glauben.

Literaturempfehlungen

Nachfolgend habe ich die aus meiner Sicht empfehlenswerte Literatur zum »Weiterlesen« noch einmal in alphabetischer Reihenfolge aufgeführt.

Addis, Michael E.: Wo bist du Mann? Über das Schweigen der Männer und ihre verborgene Innenwelt; 2012

Baron-Cohen, Simon: Vom ersten Tag an anders; 2004

Bartens, Werner: Empathie. Die Macht des Mitgefühls; 2015

Bierach, Barbara: Das dämliche Geschlecht. Warum es kaum Frauen im Management gibt; 2002

Bischof-Köhler, Doris: Von Natur aus anders. Die Psychologie der Geschlechtsunterschiede; 2011

Brizendine, Louann: Das männliche Gehirn. Warum Männer anders sind als Frauen; 2011

Chodorow, Nancy: Das Erbe der Mütter. Psychoanalyse und Soziologie der Geschlechter; 1994

Cialdini, Robert B.: Die Psychologie des Überzeugens. Wie Sie sich selbst und Ihren Mitmenschen auf die Schliche kommen; 2013

Dopfer, Werner: Mut, Moral, Menschlichkeit. Führung ohne Selbstbetrug; 2011

Dopfer, Werner: Seelenscherben. Wenn die Normalität zerbricht; 2014

Doppler, Klaus, und Lauterburg, Christoph: Change Management. Den Unternehmenswandel gestalten; 2006

Dutton, Kevin: Psychopathen. Was man von Heiligen, Anwälten und Serienmördern lernen kann; 2013

Funken, Christine: Warum die Zukunft der Arbeitswelt weiblich ist; 2016

Goffman, Erving: Wir alle spielen Theater. Die Selbstdarstellung im Alltag; 2003

Hare, Robert D.: Gewissenlos. Psychopathen unter uns; 2005

Heiß, Marianne: Yes she can. Die Zukunft des Managements ist weiblich; 2011

Henn, Monika: Die Kunst des Aufstiegs. Was Frauen in Führungsfunktionen kennzeichnet; 2009

Höhler, Gertrud: Wölfin unter Wölfen. Warum Männer ohne Frauen Fehler machen; 2003

Hollstein, Walter: Was vom Manne übrig blieb. Das missachtete Geschlecht; 2012

Jones, Steve: Der Mann. Ein Irrtum der Natur; 2003

Koppetsch, Cornelia, und Speck, Sarah: Wenn der Mann kein Ernährer mehr ist; 2015

Kumpfmüller, Michael: Die Erziehung des Mannes; 2016

Kutschenbach, Claus von: Frauen – Männer – Management; 2015

Layard, Richard: Die glückliche Gesellschaft. Was wir aus der Glücksforschung lernen können; 2009

Maaz, Hans-Joachim: Die narzisstische Gesellschaft. Ein Psychogramm; 2014

Martin, Wednesday: Die Primaten von der Park Avenue; 2016

Otten, Dieter: Männerversagen. Über das Verhältnis der Geschlechter im 21. Jahrhundert; 2000

Paschen, Michael, und Dihsmaier, Erich: Psychologie der Menschenführung. Wie Sie Führungsstärke und Autorität entwickeln; 2011

Pinker, Susan: Das Geschlechter-Paradox. Über begabte Mädchen, schwierige Jungs und den wahren Unterschied zwischen Männern und Frauen. Übersetzung: Maren Klostermann. ©2008, Deutsche Verlags-Anstalt, München, in der Verlagsgruppe Random House GmbH

223

Reinhart, Rebekka: Kleine Philosophie der Macht. Nur für Frauen; 2015

Roth, Gerhard: Persönlichkeit, Entscheidung und Verhalten. Warum es so schwierig ist, sich und andere zu ändern; 2015

Saimeh, Nahlah: Jeder kann zum Mörder werden. Wahre Fälle einer forensischen Psychiaterin; 2012

Seligmann, Martin E. P.: Pessimisten küsst man nicht. Optimismus kann man lernen; 2002

Simon, Robert I.: Die dunkle Seite der Seele. Psychologie des Bösen; 2011

Süfke, Björn: Männerseelen; 2010

Waal, Frans de: Das Prinzip Empathie. Was wir von der Natur für eine bessere Gesellschaft lernen können; 2011

Waidhofer, Eduard: Die neue Männlichkeit; 2016

Zimbardo, Philip: Der Luzifer-Effekt. Die Macht der Umstände und die Psychologie des Bösen; 2008